中国宠物营养与喂养指南

中国营养学会伴侣动物营养与食品分会 编著

中国轻工业出版社

图书在版编目（CIP）数据

中国宠物营养与喂养指南 / 中国营养学会伴侣动物
营养与食品分会编著. -- 北京：中国轻工业出版社，
2025. 5. -- ISBN 978-7-5184-5067-1

Ⅰ. S815-62；S865.3-62

中国国家版本馆CIP数据核字第2024P02H01号

责任编辑：程　莹　　责任终审：高惠京　　设计制作：锋尚设计
策划编辑：付　佳　　责任校对：朱燕春　　责任监印：张京华

出版发行：中国轻工业出版社（北京鲁谷东街5号，邮编：100040）

印　　刷：北京博海升彩色印刷有限公司

经　　销：各地新华书店

版　　次：2025年5月第1版第2次印刷

开　　本：710×1000　1/16　印张：12

字　　数：220千字

书　　号：ISBN 978-7-5184-5067-1　定价：59.80元

邮购电话：010-85119873

发行电话：010-85119832　　010-85119912

网　　址：http://www.chlip.com.cn

Email：club@chlip.com.cn

本书编写人员

学术指导：杨月欣

主　　编：谯仕彦　印遇龙

副 主 编：戴小枫　杨小军

编　　委（按姓氏音序排列）：

白世平　蔡传江　车东升　陈　远　邓百川　邓　露
董　娜　冯　焱　冯忠武　郭　流　郭　伟　贺　喜
侯起航　胡骁飞　贾　梅　李　飞　李雨昕　李玉龙
刘　凯　刘　强　刘艳利　麻武仁　马　云　任周正
束　刚　宋志刚　苏　勇　王灏天　王乐莅　吴　怡
武圣儒　夏兆飞　杨　青　杨　欣　姚军虎　易　丹
张炳坤　张欣珂　朱宇飞

执 行 人：李玉欣　张晨曦　詹沁怡　石正莉　史云洁

前言

人类养宠物的历史可以说和人类的文明史一样悠久。

在古埃及文明中，宠物就已经出现。近现代考古发现，古埃及的宠物猫和宠物犬受到了极高的礼遇。猫戴着金耳环，犬戴着银项链，杀死犬或猫被视为严重的罪行。宠物的离世会引来主人的深切哀悼，甚至有人会将离世的宠物制成木乃伊，以确保它们在"来世"中的地位。这表明在古埃及，宠物不仅是家庭的一部分，还被视为神圣的存在。

在古巴比伦文明中，人们对宠物同样敬畏。例如，被犬尿溅到被认为是一种预兆。这反映了宠物在人们日常生活中的重要地位和人们对它们行为的解读。

同样，在历史悠久的中国，宠物也是史书中的常客。先秦时期的卫国国君卫懿公喜爱鹤，甚至为鹤建造豪华的住所，并封赏官阶。鲁国大夫臧文仲喜爱乌龟，为其建造了豪宅。东晋书法家王羲之喜爱鹅的故事也广为流传。

到了唐代，小型观赏犬成为宫廷贵妇的宠物。而在宋代，饲养宠物犬的习惯已经从贵族扩大到富有的平民。这表明饲养宠物的观念已经深入人心，成为社会各阶层普遍接受的生活方式。

由此可见，三大文明古国悠长的历史都伴随着宠物的身影，养宠物不仅是人们休闲娱乐的方式，也是人们社会地位和文化品位的象征，是经济、社会发展推动下精神文明进步的表现之一。

古今中外，人们养宠物无非有这三个目的：其一，宠物可以作为日常生活的伴侣和情感寄托；其二，在特定的文明里，宠物是贵族阶级财富、身份的象征，甚至可作为各国邦交的礼物；其三，宠物还是文学艺术的题材和载体，给文学家提供源源不断的灵感。

养宠物目的的多样性，造就了宠物市场的多元化。宋代的《东京梦华录》中就记载了开封府大相国寺每月开放的宠物市场出售各种鸟、猫、犬等宠物，以及猫粮、犬粮等宠物用品，宠物经济已初具雏形。

随着社会进步和经济发展、我国人均GDP（国内生产总值）迈过一万美元大关，近年来伴侣动物即俗称的宠物，已经全面融入人们的生活和国家经济发展，成为"家庭成员和生活伴侣"，养宠物成为城乡广大居民的精神消费和健康生活的重要组成部分，并快速形成一个产业链条长、关联产业多、就业人数多、经济和社会效益好、科技含量高的新型产业，成为我国城乡经济和现代农业高质量发展的一道靓丽风景线。据不完全统计，2023年年底我国养宠家庭数已经超过1亿，宠物猫犬的保有量超过2亿只，宠物产业的总体经济规模已超过3000亿元人民币。2013~2023年，我国宠物市场经济规模年增长速度平均在10.0%以上，过去5年我国宠物经济规模由1000亿元快速攀升至3000亿元，已进入数量扩张的快速发展期。

宠物产业作为新业态、新经济和新质生产力，为我国现代农业新经济体系建设增添了新内涵和新领域，是推进我国供给侧结构性改革、实现产业升级换代和农业高质量发展的重要抓手，是有效拉动内需消费、扩大城乡居民就业的新着力点，是保持城乡经济长期健康高速发展的新生力量，也是我国新时代推进乡村振兴、实现产业兴旺的新阵地，更是"六稳六保"战略的重要组成部分，在加速城乡经济要素融合、推进一二三产业融合、构建新发展格局、促进城乡居民增收、建立内循环经济体系、促进社会全面高质量和谐发展等方面发挥着越来越重要的作用。专家预测，我国宠物市场在未来30年内将有望成长为逾7万亿元人民币的支柱产业之一。

宠物营养学科发展是经济社会发展的必然需求，满足宠物的营养需求是满足人们美好生活需要的要素之一。本书将立足养宠人群对于宠物营养和喂养的关注，从全生命周期的视角分析宠物的营养需求，系统总结宠物常见健康问题及解决方案，分析宠物营养领域现状和未来发展趋势，为养宠人群和宠物营养行业从业者提供科学、实用的喂养指导。

中国营养学会伴侣动物营养与食品分会

2024年6月5日

目录

第一章

宠物营养基础

第一节 宠物与宠物的分类

一、什么是宠物

宠物是指被人类驯养、饲养、用于陪伴的动物，一般分为哺乳类、鸟类、爬行类、鱼类、昆虫类等。宠物可以成为人们生活中的伙伴，给人们带来欢乐和慰藉。许多人将宠物视为家庭成员，与它们建立起亲密的关系。

二、宠物的分类

宠物一般分为5大类，分别是：（1）哺乳类，如猫、犬、兔等；（2）鸟类，如鸽子、鹦鹉、百灵鸟、金丝雀等；（3）爬行类，如乌龟、蜥蜴等；（4）鱼类，如金鱼、小丑鱼、蝴蝶鱼等；（5）昆虫类，如蚂蚁、蝴蝶、蜻蜓、蝈蝈等。

其中猫和犬是最常见、饲养量最大的宠物类别。猫独立、温柔，犬忠诚、友好。有的犬还可以经训练成为警卫犬、导盲犬等工作犬。许多人会在家里喂养一只猫或一只犬，让它陪伴自己度过漫长的时光。本书将重点介绍猫和犬的营养与喂养，告诉大家如何正确关注宠物营养，如何科学喂养，保证宠物健康。

三、主要猫犬品种

1. 猫

猫是哺乳纲食肉目猫科动物，属于小型动物。家养宠物猫的平均体重为2.7～4.5千克，其中雌猫2～3千克，雄猫4～5千克，但也有部分非纯种猫体重可达近13千克。从鼻尖到尾巴根部，体形较大的猫体长为40～45厘米，猫的平均体长约为25厘米。猫的宽度很大程度上是由猫的体重决定的，正常家养宠物猫的平均宽度为12.7～20.3厘米。国际猫协会（The International Cat Association）目前认可的猫品种总共有71个。除了外观特征，不同品种的猫在习性特点上也都有区别。下表列举了常见的42个品种的猫的特征及其习性。

图片	简介
	品种：中华田园猫/狸花猫（Dragon Li） 原产地：中国 寿命：10～15年 大型猫，有美丽的斑纹被毛。毛短且粗，体格匀称，肌肉发达，四肢敏捷。眼大且圆，鼻长直，鼻头部分的颜色越深，身上斑纹越分明。该猫个性独立，活泼好动，对周围环境的改变非常敏感，捕鼠能力极强，产仔率高，怕寒冷。
	品种：简州猫 原产地：中国 寿命：10～20年 简州（今四川简阳市）地方猫，耳轮重叠，每个大耳中有个小耳，花色各异，大多毛色混杂，鲜有纯色。该猫较为安静，捕鼠能力强，身体强健，动作灵敏。
	品种：狮子猫 原产地：中国 寿命：10～20年 又称临清狮子猫、白猫、山东狮子猫。起源于中国山东临清，是波斯猫和中华田园鲁西狸猫杂交而成的品种。身形比一般猫大、略壮；脸宽而圆，嘴巴呈狐狸脸形状；耳朵短、直鼻梁，下巴强壮；杏眼，眼角不吊起；四肢长短适中；爪子有长毛；毛长，大多为白色，也有花色毛。该猫活泼可爱，温顺聪明且黏人。

图片	简介

品种：英国短毛猫（British Shorthair）
原产地：英国
寿命：14~20年
身体厚实，头圆，面部丰满，眼大而圆，耳中等大小，胸部宽阔，腿部粗壮，被毛短且浓密，毛色种类多，最著名的是蓝色系的英国短毛猫。该猫性格温柔，有好奇心，不会乱吵乱叫，环境适应能力强，不爱运动。

品种：布偶猫（Ragdoll）
原产地：美国
寿命：12~20年
大型长毛猫，头部宽阔，面部呈楔形，眼睛是"丹凤眼"，呈深蓝色，鼻梁挺直，长度适中，下巴与鼻梁、上唇呈一条直线。身形长，肌肉发达，身体柔软，尾毛蓬松。该猫异常温柔，缺乏保护自己的本能，因此必须作为宠物养在家中。

品种：美国短毛猫（American Shorthair）
原产地：美国
寿命：15~20年
头大，呈长方形，胸部浑圆，面颊饱满，耳朵中等大小，耳尖略圆，眼大而圆，明亮、清澈、机灵。体格强壮，有肌肉，被毛短厚均匀。该猫坚强勇敢、性格温和，很有耐性，不乱发脾气，也不喜欢乱吵乱叫，自身的抵抗力较强。

品种：异国短毛猫（Exotic Shorthair）
原产地：美国
寿命：10~15年
头部大而圆，脖子短而粗，面颊饱满，眼睛圆，稍凸出，鼻子较扁平，下巴结实，耳细圆，拥有大、圆而结实的爪，尾巴短。该猫性格好静温和，不拘小节，很忠诚。它像波斯猫一样文静，和人亲近，又像美国短毛猫一样顽皮机灵。但鼻腔较短，容易发炎。

图片	简介

品种：波斯猫（Persian）
原产地：英国
寿命：12～20年
头大而圆，额、鼻、腭皆平。鼻子短，鼻梁宽，泪腺较短，鼻腔较短。眼大而圆，表情丰富。耳小，尖端呈圆形，两耳分隔得较远。全身满是像丝一般柔软蓬松的毛，毛色艳丽多样，玳瑁色系和红色系较珍贵。该猫反应灵敏，性情温顺，叫声小，易于相处。

品种：暹罗猫（Siamese）
原产地：泰国
寿命：10～20年
头细长呈楔形，头盖平坦，脸形尖呈V字形，口吻尖突呈锐角，鼻梁高直，两颊瘦削，齿为剪式咬合。耳朵大而直立，眼睛大小适中，为蓝色，尾长而细，尾尖略卷曲。该猫能适应不同的气候，性格刚烈好动，机智灵活，好奇心强，善解人意，叫声独特。

品种：斯芬克斯猫/加拿大无毛猫（Sphynx）
原产地：加拿大
寿命：9～15年
毛发稀疏，有胎毛，皮肤有褶皱，但有弹性，越年轻的猫面部越圆，皮肤皱纹越多。肌肉发达，四肢细长，头棱角分明，两颊瘦削，脸呈正三角形，眼大而微凸，呈柠檬状，尾又细又长，像长鞭弯曲上翘。该猫性情老实，很有耐心，脾气很好，对主人忠诚。

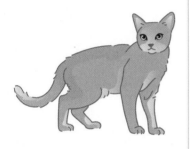

品种：俄罗斯蓝猫（Russian Blue）
原产地：俄罗斯
寿命：10～20年
体形修长，骨骼结实，被毛简单华丽。头短呈楔形，绿色的眼睛呈杏仁形，耳宽大、直立，有透明之感，脚爪呈正圆形。该猫性格文静、害羞怕生、不愿外出。叫声轻柔甜美，喜欢取悦主人，能适应寒冷的环境。个性独立，有好奇心，有很强的自我意识，不喜欢被限制。

图片	简介

品种：金吉拉（Chinchilla）

原产地：英国

寿命：12～20年

由波斯猫经过人为培育而成。头圆而厚重，下巴圆，体形矮，四肢短粗，胸部宽厚，身体圆而结实，毛量丰富，脖环非常大，爪子圆而结实。眼大而圆，眼珠颜色以绿色为多。该猫身体强健矫捷，性情温顺，较为听话，自尊心强。

品种：沙特尔猫（Chartreux）

原产地：法国

寿命：10～17年

头宽大，脸颊丰满肉多，嘴小但不突出，耳偏小，耳尖浑圆，眼睛大而圆，呈金黄色或铜黄色，鼻塌，鼻梁稍短，颈短而粗壮，身躯较肥大，肌肉健硕，毛发短而厚实，毛发颜色多为蓝色。该猫温顺机灵，独立性强，忍耐力强，适应力强。

品种：苏格兰折耳猫（Scottish Fold）

原产地：英国

寿命：12～15年

最大的特征是耳朵弯曲。体形圆润，头大而圆，尾巴肥胖，鼻子稍宽，鼻梁挺直，双目圆睁有神。毛色多样，体毛柔软浓密，肌肉结实。该猫运动天赋一般，喜欢平躺着睡觉。它的外表与其温柔的性格非常吻合，叫声很轻。

品种：喜马拉雅猫（Himalayan）

原产地：英国、美国

寿命：12～17年

四肢肥短而直，头顶圆圆的，鼻子短扁（俗称鼻眼一线），两颊和下腭圆圆的，耳朵非常小，其顶端浑圆，圆圆的眼睛是蓝的。被毛长而柔软，有深色斑点。该猫融合了波斯猫的轻柔、妩媚和反应灵敏，暹罗猫的聪明和温雅，长相甜美，性格温和。

图片	简介

品种：伯曼猫（Birman）
原产地：缅甸
寿命：10~15年
体形长，脸较窄，面颊肌肉发达，面部毛短，耳尖略圆，面颊和耳朵都呈现颇具特征的V字形，与头部轮廓十分协调。眼睛又圆又大，呈清澈的蓝色。四肢粗短，骨骼发达，肌肉结实有力，被毛有光泽，厚密易梳理。该猫天生温顺友好，性格沉稳安静。

品种：土耳其梵猫（Turkish Van）
原产地：土耳其
寿命：10~18年
被毛主色为白色，耳前部有金棕色斑纹，尾部也有暗色斑纹。体格结实，头圆，吻部丰满，鼻尖带精致的鹰钩，耳大眼大。被毛覆盖浓密，呈长绒毛状。该猫特别顽强，环境适应能力强，非常活泼，爱游泳。

品种：埃及猫（Egyptian Mau）
原产地：埃及
寿命：12~15年
头稍圆，呈楔形，脸形丰满，耳端稍尖，杏仁形大眼呈淡绿色，四肢细长。有五种毛色，从珍贵毛色到普通毛色依次为：银色、古铜色、烟灰色、黑色、蓝/白蜡色。额前有M形的虎斑条纹。该猫对温度敏感，喜温暖，对药物敏感，性情温顺，聪明，胆小脆弱，记忆力好，有耐心。

品种：西伯利亚森林猫（Siberian）
原产地：俄罗斯
寿命：10~18年
体大而紧凑，头顶扁平，吻部浑圆，颈部结实，脖子短。耳中等大小，眼大而几近圆形，四肢长短适中，肌肉发达。尾巴长短适中，覆盖着丰厚毛发。双层被毛是西伯利亚森林猫的标志之一，外毛坚硬防水，内毛柔软温暖。该猫性情平易近人，机灵而活跃，很有魅力。

图片	简介

品种：新加坡猫（Singapura）

原产地：新加坡

寿命：10～15年

体形小巧，是目前被公认的所有猫品种中体形最小的猫种。头圆眼大，耳朵根宽端尖，鼻短，四肢长度适中，毛色底色是古象牙色，毛尖是深咖啡色。该猫性格外向，黏人又活泼，好奇心强。

品种：波米拉猫（Burmilla）

原产地：英国

寿命：10～16年

缅甸猫和金吉拉杂交的后代。中等身材，楔形短头，眼绿而亮。腹部几乎全白，毛尖是淡紫色，头、腿和尾巴上有少许颜色较深的斑纹。该品种猫的毛色很多。该猫善于交际，性格非常友善，气质优雅，活泼，独立性强。

品种：日本短尾猫（Japanese Bobtail）

原产地：日本

寿命：10～17年

身材细长，但体格强壮，肌肉发达。尾巴短而弯曲，约10厘米，尾端毛特别浓密，类似兔尾。耳直立，眼大而圆，鼻长。被毛中等长度，柔软如丝，毛色鲜亮，白色为基本色。该猫生性聪明温顺，动作敏捷，适应力强。

品种：阿比西尼亚猫（Abyssinian）

原产地：古埃及

寿命：10～17年

头形精巧，鼻梁稍隆，吻短而坚实，耳大而直立。杏眼略吊眼梢，眼边缘是黑色，周围覆盖褐色毛。体形中等匀称，四肢细长，多数被毛黄红相间，颜色如丝绸般艳丽闪亮，极富魅力。该猫性情温顺，活泼开朗，喜欢自由活动，善爬树，通人性。

图片	简介

品种：土耳其安哥拉猫（Turkish Angora）

原产地：土耳其

寿命：10～17年

身材修长，四肢高细，头长而尖，耳大，脸形为V字形。全身长满细丝般的长毛，一般认为白色为正宗纯种猫。该猫喜欢干净，性格温和，活泼好动，动作敏捷，特立独行，不喜欢被人抚摸、拥抱。

品种：塞尔凯克卷毛猫（Selkirk Rex）

原产地：美国

寿命：10～15年

属体形大、骨架重的品种，四肢健壮，身躯厚实平直。头大且圆，双眼浑圆，大而明亮，鼻梁直，嘴形方圆。被毛多为蓝色和乳黄色，最明显的特征是被毛卷曲，颈部、腹部被毛尤为明显，浓密丰厚，背部被毛平直，需要定期梳理。该猫性格温柔安静。

品种：德文卷毛猫（Devon Rex）

原产地：英国

寿命：10～13年

头部呈楔形，颧骨宽，耳大且尖，眼睛呈椭圆形。四肢细长，脚爪小，锥形长尾上密密地覆盖着毛，被毛短且细密。该猫机灵活泼，对外界充满好奇心。

品种：奥西猫（Ocicat）

原产地：美国

寿命：13～18年

中等体形，毛质细而有光泽。眼睛颜色除蓝色外均有。骨骼坚固且肌肉发达。耳朵灵敏，眼大，呈杏仁形，吻部较宽，呈方形。该猫好奇贪玩，友好温柔，不喜欢孤独，对主人忠诚，感情专一。

图片	简介

品种：巴厘猫（Balinese）
原产地：美国
寿命：12~20年
中等身材，呈流线型，肌肉发达。头骨稍凸或扁平，鼻梁长而直，眼睛中等大小，为深蓝色。圆柱形体形协调、匀称。尾长而细，尾端尖。该猫优雅灵巧，聪明热情，好奇贪玩，声音柔和，喜欢与人为伴，不喜欢孤独。

品种：东方短毛猫（Oriental Shorthair）
原产地：英国
寿命：10~20年
脸形呈V字形，眼睛中等大小，眼睛颜色以蓝色为佳，耳朵较尖。身体中等大小，骨骼纤细，肌肉结实而有弹性，线条流畅，躯体呈圆筒形。被毛短细浓密，质地柔软，紧贴体表。该猫聪明敏捷，活泼好动，忠于主人，喜欢攀高。

品种：索马里猫（Somali）
原产地：非洲
寿命：10~15年
头部呈楔形，面部有斑纹。耳朵大而灵敏，眼大，呈杏仁形，多为绿色，如宝石般闪烁。四肢修长，骨骼纤细，被毛如丝绸般柔软细腻。该猫聪明且善解人意，运动神经发达，喜欢自由活动，叫声清澈响亮。

品种：科拉特猫（Korat）
原产地：泰国
寿命：10~15年
头从前看为心形，前额扁平，耳朵大而灵敏，眼睛大而圆，多为绿色，鼻头为深蓝灰色。身体中等大小，背微隆起，肌肉发达，尾巴中等长度。该猫活跃灵活，勇敢好斗，对其他猫不友好，对陌生人不信任。但它温柔、敏感，对主人很依恋。

图片	简介
	品种：哈瓦那猫（Havana） 原产地：英国 寿命：10~15年 头盖长度稍大于宽度。眼睛、口吻、长胡须处均有明显凹陷和斑点。鼻梁凹陷，眼睛大，呈杏仁形，眼睛颜色以绿色为主，晶莹透亮。中等身材，体形细长。该猫富有活力，热情含蓄，有绅士风度，愿意亲近人，适应能力强。
	品种：柯尼斯卷毛猫（Cornish Rex） 原产地：英国 寿命：10~15年 头小而圆，耳朵特别大，高耸于头顶。体形细长，有"猫中超模"之称。眼睛大而有神，眼睛颜色为金黄色、古铜色等。四肢细长，肌肉结实。尾长而细，柔软而富有弹性，宛如鞭子。该猫性格活泼，聪明顽皮，喜欢亲近主人。
	品种：威尔士猫（Cymric） 原产地：加拿大 寿命：10年左右 头呈圆形，耳大小适中，眼睛大而圆。四肢强健，前肢比后肢短。大多数无尾。毛色较多。底层被毛厚，外层被毛光滑。该猫性格温和，聪明伶俐，叫声小。
	品种：内华达猫（Nebelung） 原产地：美国 寿命：10~15年 头部平滑，呈楔形，耳朵大，眼睛呈杏仁形，呈绿色。四肢长而稳固，前肢各有五趾，后肢各有四趾。尾毛丰富，毛色只有蓝色，双层被毛，柔软华丽。该猫文静害羞，喜爱宁静，性情温顺，乐意取悦人，适应力强。

图片	简介
	品种：东奇尼猫（Tonkinese） 原产地：北美洲 寿命：10~15年 头部呈楔形，口鼻部呈方形。耳朵大，耳尖呈圆弧形。眼睛呈杏仁形，眼睛颜色为略带蓝色的绿色。四肢细长，脚爪小，为椭圆形。被毛短而柔软，有天然光泽。该猫喜欢亲近人，聪明机敏，精力充沛。
	品种：虎斑猫/美国短毛猫（American Shorthair） 原产地：美国 寿命：12~20年 头部圆润，耳朵大小适中，脸颊宽阔。眼睛大而明亮，呈杏仁形，鼻子是砖红色的，有鼻线。体形适中，四肢健壮有力。被毛斑纹美丽，酷似野生狸，额头有M形斑纹，颈部、四肢、尾部有环状斑纹，身体有鱼骨刺斑纹或豹点斑纹。该猫个性独立，活泼好动，对环境敏感，对主人依赖性强。
	品种：挪威森林猫（Norwegian Forest Cat） 原产地：挪威 寿命：15~20年 头呈等边三角形，颈短，肌肉发达。耳大，警觉性强，大杏眼微微上扬，眼睛颜色多为绿色、金色、金绿色。高鼻梁，下巴结实。被毛分为上下两层。该猫性格内向，聪颖敏捷，独立性强，喜欢冒险。
	品种：缅因猫（Maine Coon） 原产地：美国 寿命：10~18年 头中等大小，面部较方，颧骨高。下巴结实，鼻子直挺。耳朵大且长满毛，眼睛大，眼间距宽。身体强壮，胸宽。长尾配以飘逸的长毛，毛质如丝般顺滑。该猫性情温顺，勇敢机灵，喜欢独处。

图片	简介
	品种：孟买猫（Bombay） 原产地：美国 寿命：12~17年 头部呈圆形，鼻子短，眼睛呈圆形，为古铜色。耳朵大小适中，耳尖稍呈圆弧形。被毛短细，为发亮的乌黑色。脚爪小，呈椭圆形。该猫温顺稳重，反应灵敏，有时略有些顽皮，捕猎能力很强，喜欢与人亲热。
	品种：孟加拉豹猫（Bengal Cat） 原产地：美国 寿命：12~20年 头部呈楔形，耳朵属于中小型，眼睛呈椭圆形，非常接近圆形，口吻饱满且宽阔。躯干修长而结实，肌肉强健。该猫精力充沛，自信机警，对事物有强烈的好奇心，没有攻击性。
	品种：曼赤肯猫（Munchkin Cat） 原产地：美国 寿命：11~16年 头部介于正三角形与楔形之间，脸颊很宽。眼睛呈大核桃形，眼尾稍往上吊，颜色深且鲜艳，耳朵呈大三角形。四肢短，尾巴稍粗。该猫友善、聪明，天真活泼，喜欢与人相处。

2．犬

犬是人类忠诚可靠的伙伴之一，属哺乳纲食肉目犬科。家犬作为灰狼的亚种，是人类最早驯化的动物之一，人类在1.5万年前就开始驯化犬。犬嗅觉灵敏，动作敏捷，善解人意，忠于主人。目前，全球大概有180余种宠物犬，按体形来分，可分为玩具型犬、小型犬、中型犬、大型犬、巨型犬。下表列举了常见的70个品种的犬的特征及其习性。

图片	简介

品种：中华田园犬（Chinese Rural Dog）

原产地：中国

寿命：12～20年

头部特征接近于灰狼的外貌，嘴尖、短，额平，耳位高，耳小且直立或半直立。站立静止时，后腿平直并垂直于地面。身材中等。被毛质地较硬，颜色黄、白、黑、杂色都有。尾巴向上翘起。该犬性情比较温顺，不容易主动攻击人，十分忠诚。

品种：京巴犬（Pekingese）

原产地：中国

寿命：12～15年

又称北京犬、狮子狗。被毛较长，呈白、黄、棕等色，腿短，身体结构紧凑。面部宽扁，眼睛大而圆，鼻吻部较短且向上仰，双耳多毛，折叠下垂贴于头部两侧。该犬表现欲强，聪敏、活泼，喜欢与人嬉闹。

品种：山东细犬

原产地：中国

寿命：10～23年

原产于中国山东，主要用于狩猎。分长毛型和短毛型两种，以长毛型为多。毛的颜色有灰色、血红色、纯白色、黑色。头狭长，额平，耳薄、下垂，耳尖钝圆，嘴齐，鼻为红色或黑色，眼有杏黄眼、玉石眼、红眼、黑眼四种，颈细长，呈弓形，尾似鼠尾状。该犬对主人绝对忠诚，仁义、聪明。

品种：藏獒（Tibetan Mastiff）

原产地：中国

寿命：10～20年

体形高大，体格强壮，结构匀称，肌肉发达。头部宽阔，吻部粗短丰满，微呈方形，两耳下垂，紧贴头的两侧，眼小，呈杏仁形，多为棕褐色，鼻形宽大。被毛有双层，底层被毛细密柔软，外层被毛粗长。该犬警觉性高，对主人极为忠诚，攻击能力强，对陌生人有强烈的敌意。

图片	简介

品种：松狮犬（Chow Chow）
原产地：中国
寿命：12～15年
头骨宽大而扁平，眼下方饱满，眼睛多为深褐色，呈杏仁形，耳朵小而直立，嘴唇边缘为黑色，鼻大而宽，吻部宽阔，呈方形。身体短而紧凑，肌肉发达。尾巴位置高，紧贴背部。有双层被毛。该犬生性文静，又独立、固执。

品种：中国沙皮犬（Chinese Shar-pei）
原产地：中国
寿命：10～15年
皮毛短而粗糙，松弛的皮肤覆盖着头部和身躯，小耳朵，"河马式"的口吻，尾巴位置很高。该犬聪明机警、活泼顽皮、忠实可爱。

品种：西施犬（Shih Tzu）
原产地：中国
寿命：13～16年
被毛长密，不卷曲。头毛下垂至两眼前下方及颜面部，脸部短而饱满，眼睛有神，眼间距宽，鼻梁短，鼻头呈黑色，四肢短，尾巴上翘。该犬娇小聪明，依恋主人。

品种：巴哥犬（Pug）
原产地：中国
寿命：13～14年
头部大而圆，眼睛大，颜色深；耳朵薄而柔软，鼻子呈黑色，鼻孔大，口吻较短。身体短，胸部宽，尾部卷曲。该犬性格温和，开朗活泼，对主人忠诚，依恋主人。

图片	简介

品种：拉萨犬（Lhasa Apso）
原产地：中国
寿命：12～20年
又称拉萨狮子犬、西藏狮子犬等。被毛长而厚密，特别是头部、耳部和尾部的被毛最为发达，可拖至地面。尾上翘，呈菊花形。身躯强健，对恶劣条件的忍耐力极佳。该犬性格坚韧勇敢，聪明听话。

品种：腊肠犬（Dachshund）
原产地：德国
寿命：12～16年
头部狭长，头顶微微拱起，耳朵下垂，眼睛呈杏仁形，微微吊起，口鼻细长，鼻子又大又黑。躯干长，四肢短小。该犬性格活泼开朗、勇敢自信。

品种：约克夏犬（Yorkshire Terrier）
原产地：英国
寿命：12～15年
头部小巧，耳朵小，呈V字形，直立或半直立，眼睛中等大小，深邃明亮，口吻部稍短，鼻子为黑色。四肢被长毛覆盖，被毛呈长丝状，不卷曲。该犬活泼敏感，聪明好胜，喜欢亲近人。

品种：威尔士柯基犬（Welsh Corgi Pembroke）
原产地：英国
寿命：12～15年
眼睛呈棕褐色，耳朵直立，嘴鼻部紧凑，缺毛。四肢短，骨骼结实。胸部有状似围兜的被毛。该犬性格温和，勇敢、友好。

图片	简介
	品种：瑞典柯基犬（Swedish Vallhund） 原产地：瑞典 寿命：12~15年 头骨宽阔平坦。吻部直，下腭稍短，咬合紧密。鼻子呈黑色。眼睛中等大小，黑褐色，椭圆形，眼缘呈黑色。耳朵直立，对声音敏感，听到声音会转动。前肢短，平直。后肢肌肉发达，强壮有力。该犬聪明、有活力，适应能力强，善于学习。
	品种：贵宾犬（Poodle） 原产地：法国和欧洲中部地区 寿命：13~15年 头较小，头颅顶部稍圆，面颊平坦，眼睛呈卵圆形，颜色很深，眼间距宽，眼神机警，鼻梁直，与额部有明显的分界，耳根低，耳郭长大，垂于两颊。被毛较硬，经过修剪和梳理后，会显示出与生俱来的高贵气质。该犬活泼开朗，精力充沛，聪明，有爱心。
	品种：博美犬（Pomeranian） 原产地：德国 寿命：10~16年 头部略圆，似狐狸头，眼睛呈杏仁形，略斜，口吻短。尾巴位置高，在背上向前卷曲。拥有一身漂亮的被毛，光亮而且质地粗硬。该犬性格外向，聪明活泼，适应力强。
	品种：蝴蝶犬（Papillon） 原产地：法国、比利时 寿命：12~15年 又称蝶耳犬、巴比伦犬，因耳朵上的长毛直立装饰，犹如翩翩起舞的蝴蝶而得名。头较小，鼻梁宽，鼻子为黑色，唇宽。被毛丰富，平直、飘逸，躯体上的被毛长度适中，脖颈部分稍长，而胸部开始以波浪样变短，在耳部、前腿后部形成饰毛。该犬开朗活泼，举止高雅，聪明大胆，适应力强。

图片	简介
	品种：日本狆犬（Japanese Chin） 原产地：日本 寿命：10年以上 头大、宽且平。鼻子宽而短，鼻子与眼睛在一条直线上，眼睛又大又圆，三角形的耳朵覆盖着长长的毛发，对称地垂落着。身体呈方形，颈短，上仰，背短且直，被毛丰富，长而直。该犬性格坚韧、活泼、机警，忠于主人，不信任陌生人。
	品种：哈瓦那犬（Havanese） 原产地：古巴 寿命：12～15年 头骨宽阔，多为圆形，颊部平整，鼻子和口唇为黑色。有一身柔软而浓密的毛发，尾巴向前卷曲。该犬性格热情活泼。
	品种：雪纳瑞犬（Schnauzer） 原产地：德国 寿命：10～15年 头部结实，耳朵呈V字形，眉毛浓密，眼睛呈深褐色，鼻梁笔直。被毛浓密粗硬，脸部毛稍短，嘴边长有胡髭。该犬聪明伶俐，活泼好动，喜欢取悦主人。
	品种：吉娃娃（Chihuahua） 原产地：墨西哥 寿命：13～14年 世界上最小型的犬种之一。头部呈苹果形，耳大且较薄，双耳直立，眼睛又圆又大。体形娇小，毛发有长毛和短毛两种。该犬聪明警惕，活泼勇敢，对主人极其忠诚。

图片	简介

品种：比熊犬（Bichon Frise）
原产地：地中海地区
寿命：12～15年
体形娇小，体态优美，有双层被毛，外层被毛卷曲，被毛主要颜色为白色。脑袋圆圆地拱起，耳朵下垂，隐藏在毛发中，眼睛为黑色或深褐色。该犬性格友善，活泼、聪明，有较强的适应能力。

品种：贝灵顿梗（Bedlington Terrier）
原产地：英国
寿命：14～15年
外形颇似小绵羊，拥有圆弧形的头部、弯曲的前腿和尖尖的耳朵。吻几乎与额等宽，唇薄而紧。毛发柔软，呈羊绒质地。四肢修长，后肢长于前肢，脚趾并拢拱起如兔脚，极富弹性。该犬勇敢、活泼、聪明，有耐力。

品种：巴吉度猎犬（Basset Hound）
原产地：法国
寿命：12～14年
耳朵长而柔软，长在比眼睛低的部位。眼睛呈暗茶色。身体宽而长，四肢短而健壮。皮肤有皱纹，松弛。尾巴很长，尾端细，行走时尾巴高举，向上弯曲。该犬温顺、聪明，善解人意。

品种：阿拉斯加克利凯犬（Alaskan Klee Kai）
原产地：美国
寿命：12～16年
一种体形小、外形类似于哈士奇的犬种。体长大于体高，背平，胸膛较宽。头宽而微圆，尖耳挺立。毛发浓密。该犬活泼机警，精力旺盛，友善顽强。

图片	简介
	品种：巴仙吉犬（Basenji） 原产地：非洲中部地区 寿命：10~14年 身形矫健，身体光滑，头部有深深的皱纹，从眼部向鼻端变细，耳朵直立。该犬好胜顽皮，精力充沛，好奇心强。
	品种：猴犬（Affenpinscher） 原产地：德国 寿命：10~14年 身体布满浓密、粗硬的被毛。面部表情看起来像猴子。圆眼睛呈深色，耳位高。该犬机警、无畏，聪明、忠诚。
	品种：美洲无毛梗（American Hairless Terrier） 原产地：美国 寿命：14~16年 头部呈钝楔形，头骨宽且略圆拱。眼睛中等大小，耳朵呈V字形。皮肤光滑、柔软，通常没有任何毛发覆盖（有些可能有眉毛和胡须）。该犬机警、好奇、聪明。
	品种：澳大利亚梗（Australian Terrier） 原产地：澳大利亚 寿命：14年左右 头部呈楔形。眼睛小，呈杏核形，耳朵小，呈V字形，高位直立，鼻子呈黑色。背平，腰圆。被毛直，头顶毛丰富。该犬活泼可爱，机警聪明。

图片	简介
	品种：史宾格猎犬（Springer Spaniel） 原产地：英国 寿命：12～14年 头宽，背直，腰短，皮毛光滑。眼睛中等大小，呈椭圆形，耳朵长，耳皮薄。该犬行动灵活，兴奋度高，活泼、胆大，服从性高。
	品种：可卡犬（Cocker Spaniel） 原产地：英国、美国 寿命：10～15年 具有结实紧凑的身体与轮廓分明且精致的头部。嘴又宽又深，鼻孔大，耳朵很长，下垂着。该犬天性善良，活泼好动，对儿童友好。
	品种：帕金猎犬（Boykin Spaniel） 原产地：美国 寿命：11～16年 中等大小，体形匀称，肌肉光滑结实，被毛平滑柔顺。头顶平坦且较宽，耳朵平贴于头部。该犬友好、自信、温和，易于训练，与人相处融洽。
	品种：柴犬（Shiba Inu） 原产地：日本 寿命：10～15年 前额较宽，吻部尖细突出，直立的耳朵略呈三角形，眼睛呈小三角形，尾巴向上卷起。该犬性格活泼、好动，温顺忠诚。

图片	简介

品种：法老王猎犬（Pharaoh Hound）

原产地：马耳他

寿命：12~15年

头部呈钝楔形，脑袋长，耳朵位置高，耳根部宽。被毛短而有光泽，没有任何饰毛。该犬友好、温顺、警惕、活跃，非常忠实。

品种：金多犬（Jindo）

原产地：韩国

寿命：10~14年

呈三角形的细尖的耳朵微微向前倾，小眼睛呈杏仁形，鼻子呈黑色。被毛浓密柔软，猫形脚，腿直立。该犬勇敢、警觉，对主人非常忠诚。

品种：爱尔兰梗（Irish Terrier）

原产地：爱尔兰

寿命：12~15年

头部长，颅骨扁。小眼睛呈黑褐色，鼻子呈黑色，耳朵小，呈V字形。腿稍长，骨头强健。被毛浓密粗硬。该犬活泼、好动，温和、友善。

品种：哈利犬（Harrier）

原产地：英国

寿命：10~15年

头部与身体的比例协调。耳朵位置低，贴着面颊。颈部长而结实，背部肌肉发达。被毛短、浓密、硬而有光泽。耳朵上毛发的质地比身体上细腻。该犬性格外向，对人友善。

图片	简介

品种：芬兰狐狸犬（Finnish Spitz）
原产地：芬兰
寿命：12～15年
嘴突出，黑色的眼睛很有神，耳直立。颈部短，肌肉发达，尾巴卷于背上。被毛分两层，外层被毛长、硬、直，内层被毛短、软、密。该犬性格开朗、友好，善于与人相处。

品种：拳狮犬（Boxer）
原产地：德国
寿命：10～12年
头部短而平坦，琥珀色的眼睛中等大小，耳朵立起并向前倾斜。体格结实，肌肉发达，胸部深而宽阔。该犬性格开朗、友好，对主人忠诚，易于训练。

品种：牧羊犬（Sheepdog）
原产地：德国、英国等
寿命：13～15年
牧羊犬包括德国牧羊犬、苏格兰牧羊犬、边境牧羊犬等。德国牧羊犬体形大小适中，脸庞黝黑发亮，杏眼，立耳，肌肉结实，绝大多数被毛为黑灰色。苏格兰牧羊犬胸部深，肩胛倾斜，飞节弯曲。边境牧羊犬体形匀称，外观健壮。牧羊犬健壮、机灵，富有责任心。

品种：比格犬（Beagle）
原产地：英国
寿命：12～15年
脸部特征突出，眼睛大而明亮，耳朵下垂。被毛短而硬，密而有光泽。该犬聪明、友善、活泼，善解人意。

图片	简介

品种：布列塔尼犬（Brittany）
原产地：法国
寿命：12～14年
尾巴短，耳朵长。身体结构紧凑，体形中等，具备长腿犬的体形、外貌和敏捷性。体格强壮，充满力量，行动迅速。该犬温顺、机警，不易受惊。

品种：猎浣熊犬（Coonhound）
原产地：美国
寿命：12～15年
具有独特的面部特征，如鼻子短而宽，耳朵扁平硕大，眼睛明亮。被毛短而有光泽。该犬活泼、机警，嗅觉灵敏。

品种：斗牛犬（Bulldog）
原产地：英国
寿命：10～15年
体形小，身短，被毛顺滑。头部宽大，面部有较深的皱纹，下颌突出，鼻子短而平。该犬性格温和，喜欢黏着自己的主人。

品种：艾尔谷梗（Airedale Terrier）
原产地：英国
寿命：12～15年
拥有黑色和棕褐色相间的独特皮毛，前脸（头部的眼睛前面部分）较长，眼睛较小，鼻子呈黑色。该犬友善、忠诚。

图片	简介

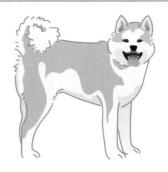

品种：秋田犬（Akita）·
原产地：日本
寿命：12～15年
体形中等大小，尾巴向前卷曲，紧贴于背上。头部大而宽，脸部表情较为丰富。耳朵呈三角形，直立着。眼睛小，呈三角形，呈暗棕色。唇部呈黑色。该犬勇猛、忠诚且聪明。

品种：美国水猎犬（American Water Spaniel）
原产地：美国
寿命：10～15年
体形中等大小。眼睛稍圆，眼间距宽，耳位略高于眼线，耳长，鼻宽。被毛浓密、卷曲。该犬善良、友好，勇敢、忠诚。

品种：阿彭策尔山犬（Appenzell Mountain Dog）
原产地：瑞士
寿命：11～13年
眼小而圆，嘴鼻部逐渐变细。被毛短而密，有光泽。尾巴卷起。该犬勇敢、自信，友爱、警惕，对主人非常忠实。

品种：澳洲牧牛犬（Australian Cattle Dog）
原产地：澳大利亚
寿命：12～15年
头部结实，面颊肌肉发达，眼睛呈椭圆形，中等大小，耳朵根部宽阔，竖立着。被毛光滑。该犬警觉、机智、勇敢、忠诚。

图片	简介

品种：澳大利亚卡尔比犬（Australian Kelpie）
原产地：澳大利亚
寿命：10～14年
身体肌肉发达、结实、紧凑。头长而狭窄，耳朵直立。胸部宽阔，四肢短小紧凑，骨骼强壮。有双层被毛，外层被毛能抵御风雪，内层被毛短而密。该犬性格敏感，反应敏捷。

品种：澳大利亚牧羊犬（Australian Shepherd）
原产地：美国
寿命：12～13年
头部整洁、结实。腿直而结实，骨骼强壮，足爪呈卵形、紧凑，尾巴直而短。该犬聪明、活跃、警惕。

品种：拉布拉多猎犬（Labrador Retriever）
原产地：加拿大
寿命：8～15年
头顶宽阔，耳朵垂挂在头部两侧，眼睛颜色为棕色、黄色或黑色，胸部厚实。被毛短、直且浓密。该犬聪明、警觉，善解人意。

品种：西伯利亚雪橇犬（Siberian Husky）
原产地：俄罗斯
寿命：11～15年
眼睛呈杏仁形，稍向上斜。耳朵中等大小，呈三角形，直立于头顶。鼻梁直。有双层被毛，毛量丰富。该犬精力充沛，喜欢探索，喜欢与人相处。

图片	简介

品种：萨摩耶犬（Samoyed）
原产地：俄罗斯
寿命：12～15年
直立的耳朵很厚，呈三角形，尖端略圆。两眼凹陷，间距大，呈杏仁形。嘴角上翘。足爪大而长，脚垫厚实、坚硬。有双层被毛，被毛多为白色。该犬性格温和，忠诚，适应性强。

品种：金毛寻回犬（Golden Retriever）
原产地：英国
寿命：12～15年
眼睛中等大小，色深，间距大。耳根高，耳朵下垂，贴于面颊。头骨宽，颈部长度适中，四肢肌肉有力。有双层被毛，被毛呈有光泽的金黄色。该犬活跃机警，友善温顺。

品种：指示犬（Pointer）
原产地：英国
寿命：10～15年
眼睛大而圆，耳朵自然下垂，贴近头部。面颊轮廓鲜明。被毛短而浓密，平滑而有光泽。肌肉发达。该犬警惕、敏锐，又有平静的气质。

品种：纽芬兰犬（Newfoundland）
原产地：加拿大
寿命：9～15年
头颅巨大，面颊饱满。眼睛较小，呈深棕色。耳朵较小，呈三角形，耳尖略圆。颈部较长，背部强壮。脚有蹼，能在沼泽和海滩行走。有双层被毛。该犬性情温顺，又非常忠诚。

图片	简介

品种：可蒙犬（Komondor）
原产地：匈牙利
寿命：10～12年
白色被毛呈绳索状垂直悬挂于身体两侧。头部巨大，眼睛中等大小，呈深棕色。耳朵呈长三角形。该犬警惕、勇敢、聪明，忠于主人。

品种：大白熊犬（Great Pyrenees）
原产地：法国
寿命：12～15年
头部呈楔形，顶部稍圆。眼睛呈杏仁形，呈深棕色。鼻子和嘴巴呈黑色。体格结实。被毛多为白色。该犬温和友善、沉着耐心、忠诚勇敢。

品种：大丹犬（Great Dane）
原产地：德国
寿命：8～10年
头部呈长方形。眼睛中等大小，鼻子呈黑色。颈部长，尾下垂，四肢较长。全身肌肉发达。被毛短而厚，有光泽。该犬善良勇敢、聪明体贴，忠于主人。

品种：寻血猎犬（Bloodhound）
原产地：比利时
寿命：10～12年
头部大、长且狭窄，颈部长，腰背结实，肌肉发达，尾巴长而尖细，高高举起。该犬安静温顺，善良忠诚。

图片	简介

品种：比利时玛利诺犬（Belgian Malinois）

原产地：比利时

寿命：12~14年

眼睛中等大小，略呈杏仁形，呈褐色。耳朵呈三角形，竖立着。头顶略平。身躯有力。被毛短、直而硬，有底毛。该犬温顺可爱，反应灵敏，自信负责，对主人忠诚。

品种：拉坎诺斯犬（Laekenois）

原产地：比利时

寿命：12~14年

浑身的刚毛使它具有独特的外貌。头顶平坦，眼睛和鼻子呈黑色，小耳朵直立在头顶上，头部、吻部都被毛覆盖着。前腿笔直，尾巴较长。该犬温顺、聪明，警惕、敏感。

品种：法国狼犬（Beauceron）

原产地：法国

寿命：11~13年

体形较大，肌肉发达，有力量。长吻部，黑鼻子。被毛短而厚，紧密平滑。该犬聪明、勇敢，忠于主人。

品种：猎狐犬（Foxhound）

原产地：英国

寿命：10~12年

拥有结实的身体、发达的肌肉和长而强壮的四肢。眼睛较大，呈淡褐色或茶色。鼻子长而宽。耳根位置低，双耳垂在脸颊旁。被毛短、硬、浓密，有光泽。该犬友善、温和且忠诚，性格开朗。

图片	简介

品种：美国爱斯基摩犬（American Eskimo Dog）
原产地：美国
寿命：13～15年
头部深且宽。眼睛呈杏仁形，呈深棕色或黄褐色。耳朵短而直立，向外侧分开。有双层被毛。身体健壮，肌肉发达。该犬待人友善，对主人忠诚。

品种：阿拉斯加雪橇犬（Alaskan Malamute）
原产地：美国
寿命：12～20年
头部宽且深。杏仁形的眼睛呈褐色，耳朵呈三角形，耳尖稍圆。被毛浓密，毛色有灰、黑白、红棕等。肌肉发达。该犬聪明、忠诚，对人友好，有敏锐的嗅觉和很好的导向性。

品种：罗威纳犬（Rottweiler）
原产地：德国
寿命：9～11年
头盖宽，鼻口部短且厚。耳根高，耳朵向下垂。杏仁形眼睛呈古铜色。被毛较短。四肢肌肉发达。该犬机警、聪明，忠于主人，但攻击性强。

品种：圣伯纳犬（Saint Bernard）
原产地：瑞士
寿命：9～12年
头大额宽。眼睛略小，呈深棕色。耳朵贴于两颊。胸部厚实，背部有力。被毛浓密。尾巴长，尾根高。该犬性情温顺，与人亲近。

图片	简介

品种：杜宾犬（Doberman Pinscher）
原产地：德国
寿命：10~14年
头部长，呈V字形。眼睛呈杏仁形。耳根高，耳朵呈尖三角形，竖立着。被毛短、密而光滑。该犬性格活泼，警惕、聪明，勇敢、忠诚。

品种：安纳托利亚牧羊犬（Anatolian Shepherd Dog）
原产地：土耳其
寿命：11~13年
眼睛中等大小，呈杏仁形。耳朵呈三角形，耳尖稍圆，耳朵向下垂。口吻较黑。颈部较粗，肌肉发达。该犬健壮、勇敢，活泼、敏捷，耐力强。

第二节 宠物营养与科学喂养

　　宠物营养的重要性体现在宠物的整体健康和生活质量方面，充足的营养对宠物的生理和行为都具有深远的影响。充足的营养是宠物维持正常生理功能所必需的，蛋白质、脂肪、碳水化合物、维生素和矿物质等多种营养物质都在维持宠物的生命活动和基础代谢中发挥着关键作用。

　　不同生命周期的宠物需要不同的营养对策。幼年期和生长期的宠物需要特别关注营养，以支持骨骼、肌肉、神经系统等的健康发育；对于成年期的宠物来说，合理的饮食有助于维持健康体重，体重过轻或过重都可能导致健康问题。

　　全面均衡的营养摄入有助于保持宠物皮肤和毛发的健康状态，减少皮毛相关问题；有助于增强宠物的免疫系统，提高其抵抗疾病的能力；有助于促进宠物的消化系统健康，防止消化问题和肠胃不适出现。一些特定的营养成分可以帮助宠物预防一些常见的健康问题，如泌尿系统疾病、关节炎等。

　　充足的营养可以使宠物更有活力、更愉悦，降低患病风险，延长寿命，提高其生活质量，使其能更长久地参与到家庭活动中。因此，宠物主人应该选择适当的宠物食品，根据宠物的年龄、活动水平和健康状况提供全面、均衡的饮食，并积极向宠物营养师咨询，定期进行兽医检查，以确保宠物获得足够的营养，促进宠物健康。

一、全面均衡营养是宠物健康的基础

　　全面均衡营养是指宠物获得所有必需营养物质，并且这些营养物质的比例和含量是适合宠物生长、发育和维持身体功能的。全面均衡营养是维持宠物各种生理活动的营养基础，是维持宠物身体正常生理功能的科学喂养理念。

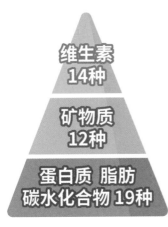

宠物犬营养宝塔

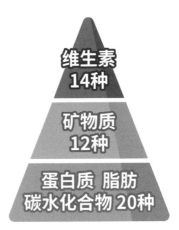

宠物猫营养宝塔

全面均衡营养首先要在满足每日能量需求的前提下，给宠物提供充足的营养素，以维持宠物健康。这些营养素不仅包括蛋白质、脂肪、碳水化合物，还包括适量的维生素、矿物质、水等必需营养素。除此之外，不同生命周期宠物的营养需求不同，这些营养素以特定的形式和含量搭配，形成动物全周期营养保护，为宠物健康打下基础。

与人不同，宠物的营养主要来源于宠物食品（除少部分自制食物外），无论是干粮、湿粮还是半湿粮，都应该为宠物提供全面均衡的营养。为宠物研制营养全面均衡的食物本身就是一门科学，需要在生产的各个阶段具备专业知识，从原材料的采购到维生素和矿物质的添加，了解每种宠物食品形式的加工工艺及其作用，并对宠物的能量和营养素需求有深刻的了解。

二、不同生命周期需要不同的营养

以饲养比例最高的宠物猫和宠物犬为例，宠物的一生会经历新生、成长、繁殖、衰老等过程。根据不同的生长特征和喂食特征，猫的一生可以分为离乳期、幼年期、成年期、中年期、老年期5个阶段，如下图。

猫的生命周期

而犬则根据体形大小有更复杂的年龄分类，体形越大的宠物犬幼年生长期越长、成年期越短，且衰老得越快，如下图。

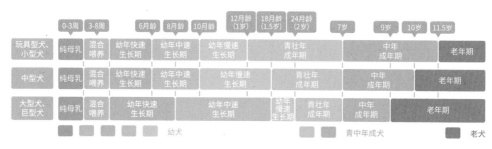

犬的生命周期

不同阶段猫犬的营养需求、喂养方式不同，离乳期和幼年期需要补充充足的营养以满足生长发育，而成年期更需关注体重和泌尿系统健康，老年期则更需要维持骨骼、关节健康。针对宠物的不同阶段给予充足的营养，能够帮助宠物构筑成熟的免疫力，可以维护宠物全生命周期的健康。

每个阶段具体的营养需求和喂养方式，在本书第二章详细介绍。

三、宠物营养与科学喂养的意义

宠物营养的最终目的是维持宠物全生命周期的健康，从而使宠物能更好、更长久地陪伴人们。随着人们对宠物健康认知的提升，宠物营养的概念也随之逐渐发展起来。早期，宠物的饲养更多是基于职能的需要，例如狩猎、看家、捕鼠等，宠物的饮食通常是人们剩余的食物或简单的食物。随着时间的推移，人们开始更加关注宠物的健康和福祉，从而逐步意识到宠物营养对于保持宠物健康和活力的重要性。

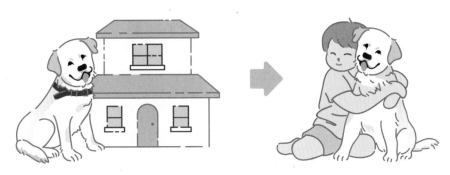

看家护院、工作犬→伴侣动物

宠物营养强调为宠物提供全面、均衡的营养，通过支持生长发育、促进健康和预防疾病，改善宠物的生活质量，延长其寿命。宠物营养不仅关乎宠物的生理健康，更是人们爱护和尊重宠物的体现。随着科学研究和技术的发展，宠物食品的研发也更加科学，能够满足不同年龄、体重和健康状况的宠物的特定需求。

四、人与宠物福祉的桥梁——宠物营养师

随着经济的发展，宠物在许多家庭中的角色已经从"宠物"变为"家庭成员"。人们对宠物的健康和福祉越来越关心。人们意识到适当的营养对于宠物的健康、生活质量和寿命同样重要。宠物食品、宠物健康医疗（包括宠物诊疗与宠物健康保健）、宠物用品和宠物服务四大宠物行业细分板块的占比分别为50.7%、29.1%、13.3%、6.8%[1]，其中宠物食品占据"半壁江山"，为宠物行业最大的细分市场。精细化、科学化喂养逐渐成为养宠趋势。营养是健康的基石，人们开始更加关注宠物的营养需求。

宠物营养师在经济、社会发展中起到了桥梁和纽带的作用，为宠物的健康和福祉做出了积极的贡献，这也将大力促进宠物食品和服务行业的增长和创新。

1　此数据来源于亚宠研究院。本书该类百分比数据均采用四舍五入后的数据，与亚宠研究院对外发布的数据一致。　——编者注

类似于人类营养科学的发展，宠物也在经历从吃得饱，到吃得好、吃得健康的转变。而在目前宠物消费者群体里，存在不少宠物喂养误区，因此科学喂养亟须具有专业知识背景的人进行正确的指导和干预。

科学的喂养知识能帮助宠物主人更经济、轻松地喂养宠物，同时保证宠物得到全面均衡的营养。

宠物营养师的主要工作任务

1 | 对宠物食品质量和需求的评估。

2 | 制订宠物生长及不同健康状况的营养需要量。

3 | 进行宠物营养评估，并提供营养管理和指导。

4 | 为幼年、成年、老年、有特殊健康需求的宠物设计营养计划或食谱，进行食物制作及选购指导。

5 | 提供营养与科学喂养的知识咨询。

本书第三章和第四章解答宠物常见健康问题，并有针对性地提出喂养指导。

五、宠物健康离不开科学赋能

欧美国家宠物食品行业起步早，在宠物食品管理方面有比较健全的法律法规，且较早开始制定犬猫营养标准。目前，国内宠物食品生产常用的标准有《GB/T 31216—2014全价宠物食品　犬粮》《GB/T 31217—2014全价宠物食品　猫粮》，美国饲料监管协会（Association of American Feed Control Officials, AAFCO）的《犬猫食品营养成分标准》（*AAFCO Dog and Cat Food Nutrient Profiles*）和欧洲宠物食品行业协会（European Pet Food Industry Federation, FEDIAF）的《猫犬全价及补充性宠物食品营养指南》（*FEDIAF Nutritional Guidelines for Complete and Complementary Pet Food for Cats and Dogs*）。

宠物食品的发展需要产学研紧密合作，以确保宠物食品的科学性、安全性及营养价值。学术界贡献最新的科研成果和理论支持、政策标准，培养行业专业人才，并最终推动科技成果的转化落地。产业界以宠物营养和健康的需求为导向，将科研成果用于产品研发与创新，确保宠物食品不仅满足宠物基本的营养需求，还能促进宠物的整体健康和福祉。这种合作模式有助于推动宠物食品领域的高质量、可持续发展。

随着市场上宠物食品品牌、种类的增加，消费者更加关注如何选择合适、优质的宠物食品。同时，由于缺乏对宠物营养专业知识的科普与传播，公众能够获取到的正确信息有限，限制了消费者对宠物食品的选择。

可以通过开展宠物营养科普宣教活动，传播关于宠物营养和健康的科学信息，帮助消费者理解不同类型食品的营养价值和适用性，以提高公众对于宠物营养的认知水平，引导形成合理的宠物饮食习惯，提高宠物健康水平。同时，宠物食品行业应做好科学赋能，推动宠物食品行业高质量发展。突出产品的配方科学性及营养价值，在消费者选购时提供详细的产品信息，包括配料、营养成分、适用宠物类型等，使消费者能够根据自己宠物的具体需求做出明智选择，提高消费者的选购能力，增强消费者对宠物食品的信任。

第二章

猫犬全生命周期营养与喂养

　　对猫犬生长发育和生理特点相关知识的掌握可以帮助大众更好地了解猫犬的营养需求、生理学以及行为学等。这些知识有助于人们提供更科学的喂养、开发更科学的猫犬食品配方、提供更好的医疗服务，增进猫犬的健康和福祉，还可以使宠物主人更好地与宠物沟通和相处，有助于宠物主人选择最佳的照料方式，如饲养、训练、社交和娱乐等。

　　宠物的一生和人一样，会经历新生、成长、繁殖、衰老多个生理过程，不同的生理阶段营养需求不同，因此喂养方式也不同。了解宠物全周期生理变化、健康需求，有针对性地提供全面均衡的营养，能够帮助宠物建立全周期免疫力，维持身体健康，更长久地陪伴我们。

第一节 猫全周期生长发育与喂养

宠物猫的一生大致可以分为离乳期（0~6月龄）、幼年期（6~12月龄）、成年期（1~7岁）、中年期（7~10岁）、老年期（10岁以上）5个阶段。不同阶段宠物猫的营养需求、喂养方式不同，针对不同阶段给予充足的营养，能为宠物构筑成熟的免疫力，可以维护宠物全生命周期的健康。

猫的全生命周期图

一、幼猫的营养、喂养与照护

原则上，1岁以内（0~12月龄）的猫称为幼猫。幼猫有两个生长阶段：0~6月龄离乳期和6~12月龄幼年期。

一般来说，幼猫从出生到8周龄是母乳喂养期（野猫可能受环境和营养状况的影响，母乳喂养期会更短），0~3周是纯母乳喂养，3~8周开始逐渐断奶，根据品种和喂养方式的不同，断奶期大约会持续到6月龄。从出生到完全吃猫粮的这段时期，称为离乳期。

幼年期的幼猫基本完成断奶，但仍处在生长发育期，生长发育迅速，免疫系统建立、器官发育、神经智力发育，相对其他时期需要更多营养。充足的营养和良好的照护，可以为成年期健康打下坚实的基础。

1．幼猫的生长曲线图

生长曲线图（Growth Chart of Kitten）可以帮助判断宠物猫的生长发育是否处在合理范围，一般来说，公猫比母猫的体形稍大，只要在曲线3%～97%范围内，都可以视作发育正常（如下图，在有色范围内即为正常）。

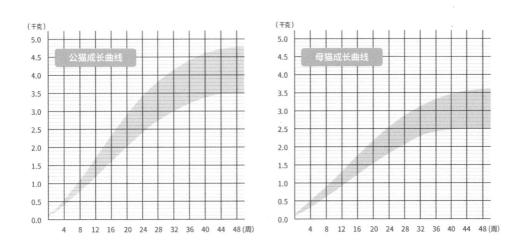

公猫的生长速度在3周龄左右开始超过母猫，并在15周左右达到生长高峰，而母猫的生长高峰会提前1～2周。经过生长高峰后，无论公猫还是母猫，生长速度都会逐渐放缓，并且生长速度的差异逐渐减小，直到70周龄停止生长（如右图）。

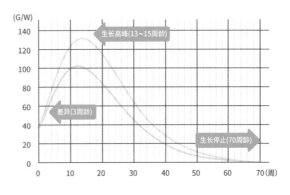

2. 0~3周龄纯母乳喂养期

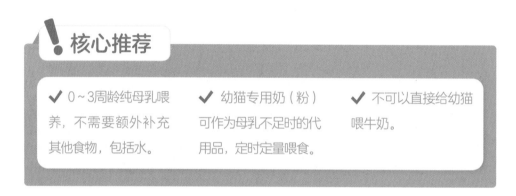

核心推荐

✔ 0~3周龄纯母乳喂养，不需要额外补充其他食物，包括水。

✔ 幼猫专用奶（粉）可作为母乳不足时的代用品，定时定量喂食。

✔ 不可以直接给幼猫喂牛奶。

　　0~3周是新生幼猫的纯母乳喂养期。从2周龄开始，小猫开始能睁开眼睛了，逐渐能看清周围的世界。

　　在纯母乳喂养期，幼猫仅需通过母乳来获取成长所需全部营养及免疫活性物质。母乳可提供这个阶段幼猫成长所需的充足营养，帮助其建立最早的免疫力。

　　如果刚出生的幼猫与母猫分开（也就是"孤儿猫"）、母猫泌乳不足，或者幼崽数量过多导致幼猫不能吃到足够的母乳，则需要人工喂食宠物专用奶（粉）。

缺乏母乳的幼猫如何人工喂养

1. 定时定量喂食宠物专用奶（粉），每2~3小时喂一次，根据幼猫状态做适当调整。

2. 冲泡奶粉要用略高于人体体温的水，以接近母猫母乳的温度，避免幼猫失温。

3. 要按推荐量冲泡奶粉，不要过浓或过稀，过浓会因渗透压过高刺激幼猫肠胃造成腹泻，过稀会降低营养密度，有引发营养不良的风险。

4. 对于太小的幼猫，可以用针管喂食，少量多次，避免呕吐。

5. 不要擅自使用鼻胃管，如果幼猫严重营养不良或者精神状态萎靡，要及时就医。

纯母乳喂养的幼猫不需要额外喂水。充足的母乳可以给幼猫补充身体需要的所有营养物质，同时可以补充水分。宠物主人只需要观察幼猫是否吃到充足的奶水即可。

除非特殊情况，不可以直接给幼猫喂牛羊乳。猫的母乳比牛羊乳含有更多的脂肪、蛋白质，乳糖含量更低，能量密度比牛羊乳高，这是为了适应新生幼猫的胃容量和消化能力。

直接给幼猫喂食牛羊乳会导致幼猫能量缺乏，牛羊乳中的大量乳糖还会增加幼猫腹泻的风险，这些都会使幼猫营养不良、生长发育迟缓。

3. 3~8周龄离乳过渡期

3~8周龄是幼猫的离乳过渡期。从3周龄开始，幼猫能自主排泄和梳理毛发了，开始进入离乳过渡期。

幼猫的生长发育基本开始稳定且迅速地生长。4周龄的幼猫能自己调节体温，不用完全依偎在猫妈妈身边取暖；而且社会化行为越来越丰富，开始与兄弟姐妹互动、玩耍。

✔ 离乳过渡期坚持母乳喂养，顺应喂养，无特殊情况不要强行断奶。

✔ 3～5周龄开始添加固体食物，能量占比1/4，与幼猫专用奶（或母乳）混合成泥糊状喂养。

✔ 5～6周龄固体食物能量占比1/2，食物质地更粗糙、颗粒更大。

✔ 6～8周龄固体食物能量占比3/4，8周龄全部固体食物喂养。

✔ 为幼猫提供适当的容器，培养自主进食的习惯。

这个阶段，幼猫清醒的时间延长了很多，感官不断能接收到外界的刺激，四肢也越来越强劲有力。好奇心驱使它们离开猫妈妈的怀抱，到处探险、与陪伴在身边的动物和人类互动。它们的活动量越来越大，与猫妈妈、兄弟姐妹以及宠物主人玩耍的时间越来越长。

3周龄以后，幼猫的消化能力会得到进一步提高，胃肠道蠕动功能更强，也开始分泌更多的消化液，能够消化母乳以外的食物。与之相伴的是进食能力的提高。出生后21～35天，幼猫的乳牙萌出，到2月龄，乳牙全部长齐。有牙齿的幼猫咀嚼能力大幅提升，能够自如地处理固体食物。这个时期的幼猫已经可以开始断奶了，也就进入我们所说的"离乳期"。

生长发育迅猛的幼猫对营养的需求也提高了。从3周龄开始，母乳就无法提供足够的能量和营养素，幼猫开始迫切需求其他食物补足生长所需的营养，因此正式进入离乳期。

一般来说，母乳可以为新生幼猫提供大约40天的免疫保护，在纯母乳喂养期，幼猫可以通过母乳不断获取免疫活性物质和充足营养，而离乳期幼猫的食物中母乳的比例逐渐降低，免疫活性物质逐渐消耗，同时随着幼猫活力变强，对外界事物的探索增加，接触外界环境更频繁，因此离乳期的幼猫喂养应着重提高免疫力，为日后的成长及健康打下基础。

离乳期的幼猫应该继续保持母乳喂养，也就是让幼猫熟悉新食物的同时，仍可以吃到母乳。孤儿猫因为完全依赖人工喂养，应在继续幼猫专用奶（粉）喂养的基础上，及时添加一定比例的固体食物。不同时期的固体食物占比不同，加工要求也存在差异。

离乳期的幼猫需要喂养幼猫专用的固体食物如幼猫粮，可以从3周龄开始循序渐进地添加。这有点类似于给人类幼崽添加辅食的行为，都是利用母乳之外的食物，为幼崽提供生长发育所需的能量和营养素。相应地，幼猫的饮食偏好也开始发生转变，幼猫开始对母乳以外的食物产生强烈兴趣。

从添加母乳外的食物开始，就要培养幼猫自主进食的习惯，宠物主人应给幼猫提供合适的容器喂食。一开始，幼猫的活动能力还不够强，容器太深、太大，会给进食带来阻碍，可以先用浅盘子喂食。随着食物质地逐渐黏稠、体积增大，再用碗喂食。

浅盘→碗

判断幼猫是否可以开始断奶的方法

1. 观察幼猫的活动能力；幼猫能够站立，抬起尾巴，并热衷于探索领地。

2. 观察幼猫的牙齿状况：3~4周会长门齿和犬齿。

3. 幼猫开始尝试吃成猫的食物，这说明幼猫的胃容量增加，对食物的需求增加。

   如果幼猫出现这几种现象和行为，就说明幼猫已经准备好断奶了，这时宠物主人就可以着手安排断奶的食物和装备。

家养宠物猫的离乳行为基本不需要人的协助，这是幼猫生长发育、消化能力增强的正常生理现象。但宠物主人应该在离乳期为幼猫提供足够、易获取的食物，以保证成功离乳。

断奶大约从3周龄开始，持续1个月的时间，这个阶段从固体食物占每天能量摄入的1/4、母乳或幼猫专用奶占每天能量摄入的3/4开始，逐步增加固体食物的比例，8周龄后完全用固体食物喂养。

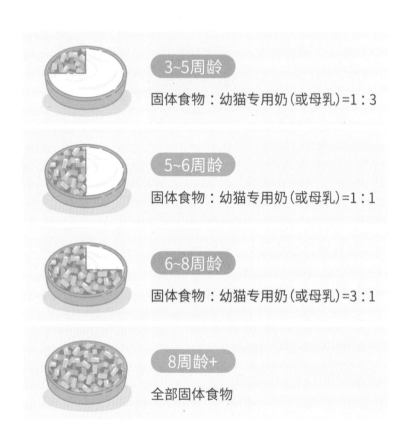

3~5周龄
固体食物：幼猫专用奶（或母乳）=1：3

5~6周龄
固体食物：幼猫专用奶（或母乳）=1：1

6~8周龄
固体食物：幼猫专用奶（或母乳）=3：1

8周龄+
全部固体食物

3~5周龄时，就可以开始给幼猫尝试新食物。这个时候要喂食软化的食物而不是干粮，可以用幼猫粮混合母乳或幼猫专用奶制成质地较稀的食物泥喂养，固体食物与母乳或幼猫专用奶的能量比例大约是1：3。

在制作过渡食物时，可以用母乳或幼猫专用奶混合猫粮或猫罐头，捣成稠粥状。固体食物的添加节奏应该顺应幼猫的消化能力，遵循由少到多、由一天一

3~5周龄喂食水分含量较多的泥糊状食物

次到一天多次、由稀到稠的原则循序渐进地添加，以防幼猫出现胃肠道不良反应，比如腹泻、腹胀、便秘等。

可以先将食物泥涂在手指上让幼猫舔食，逐步让幼猫熟悉这种新的食物的气味、口感。等幼猫熟悉食物之后，可以将食物直接放在一个平底碟上，培养幼猫自主进食的习惯。

这个时期的幼猫食管比较狭小，宠物主人应在幼猫接触新食物的时候仔细观察，确保幼猫不会吞下食物而噎住，也不要让它们吃得太快太饱。

5~6周龄的幼猫牙口更好了，可以用牙咀嚼。制作食物时，应减少幼猫专用奶（或母乳）的用量，这时的糊状可以比3~5周龄时更粗糙、颗粒更大，固体食物与幼猫专用奶（或母乳）的能量比例大约是1:1。

5~6周龄喂食固体更多的糊状食物

当幼猫熟悉了这种吃法后，继续增加固体食物的比例，在添加固体食物的过程中，要确保幼猫饮水充足，用浅碗装新鲜的水给幼猫饮用。

6~8周龄的幼猫消化能力、进食能力更强，固体食物与幼猫专用奶（或母乳）的能量比例大约为3:1，持续增加固体食物的比例，直到只提供固体食物。

需要强调的是，对于幼猫来说，断奶是一种压力。一些幼猫可能心理上没做好断奶的准备，依恋母猫，时不时会去吸吮，不为获得营养，只为获得心理安慰。宠物主人应该顺应幼猫的心理需求，允许幼猫和母猫按照它们都能接受的节奏断奶，不要强行断奶。幼猫的身心发育程度不同，8周以后到6月龄前完全断奶都是正常的。

4. 8周龄~12月龄（1岁）离乳后

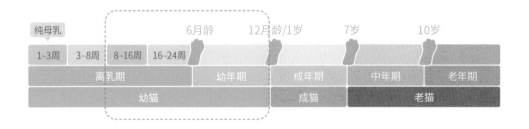

✔ 完全断奶后的幼猫应喂食幼猫专用粮。

✔ 优选优质蛋白质来源的幼猫专用粮，提供全面均衡的营养。

✔ 保证饮水充足，每天摄入水30～60毫升/千克体重。

✔ 摄入充足的钙，要有科学的钙磷比，以维持骨骼正常发育。

离乳后，幼猫仍然处在快速生长期，直到12月龄（1岁）之后才逐步进入生长稳定期，此时骨骼发育成熟，不再有明显的体格发育。与犬有别的是，不同品种的猫体形、体格差异比较小，所以相同年龄的猫能量和营养素需求相似。

根据幼猫生长曲线图来看，幼猫的生长发育在15周龄左右达到巅峰，这一阶段的幼猫每日能量需求可以根据体重来计算：20周龄（约5月龄）之前，能量需求大致为250千卡/千克体重；随后，能量需求逐渐下降，到30周龄（约6月龄）时，能量需求大致为100千卡/千克体重。

对于离乳后的幼猫来说，最优选择是吃幼猫专用粮，幼猫专用粮可以给幼猫提供全面均衡的营养，而且幼猫粮比成猫粮的能量和营养密度更高，能更好地适应幼猫胃容量小但营养需求大的情况。给幼猫喂食成猫粮，幼猫可能会因为饱足感强——感觉吃饱了但是没有摄入足够的营养，而处于营养不良的风险之中。

离乳后的幼猫完全吃固体食物，要保证充足的水分摄入。宠物主人应在家中放置充足的饮用水。这个阶段的幼猫每天饮水应不少于30毫升/千克体重，要保证饮用水新鲜、清洁。对于宠物猫来说，烧开放置至常温的白开水是最清洁、经济的饮用水。不要给幼猫喝生水，生水中可能存在细菌，会增加幼猫感染的风险。

应优先选择优质蛋白质来源的猫粮。蛋白质是保证幼猫生长发育的基础。无论给宠物挑选宠物粮还是自制宠物食品，都应该首选富含优质蛋白质的食物。在猫粮所提供的能量中，蛋白质占比在30%～36%最为合适。

蛋白质是由氨基酸组成的大分子化合物，是宠物皮肤、毛发、肌肉、指甲、软骨等重要组织的重要组成部分，同时为宠物提供身体需要的能量，参与宠物体内各种催化反应。

自然界中的蛋白质是由常见的20种氨基酸组成的，氨基酸被分为必需氨基酸和非必需氨基酸。必需氨基酸指的是动物在体内不能合成，必须从食物当中获取的氨基酸。而非必需氨基酸是动物可以在体内合成，不一定非要从食物当中获取的氨基酸。

对于猫来说，有11种必需氨基酸。能够涵盖所有必需氨基酸且含量充足的蛋白质就称为完全蛋白质，即常说的优质蛋白质。常见的动物性食物比如蛋类、鸡肉、鱼肉等都属于优质蛋白质来源。

猫的必需氨基酸（11种）

精氨酸	Arginine
组氨酸	Histidine
异亮氨酸	Isoleucine
亮氨酸	Leucine
赖氨酸	Lysine
蛋氨酸（甲硫氨酸）	Methionine
苯丙氨酸	Phenylalanine
牛磺酸	Taurine
苏氨酸	Threonine
色氨酸	Tryptophan
缬氨酸	Valine

精氨酸	组氨酸	异亮氨酸	亮氨酸
赖氨酸	蛋氨酸（甲硫氨酸）		苯丙氨酸
牛磺酸	苏氨酸	色氨酸	缬氨酸

幼猫骨骼发育与钙和磷的摄入量及比例有关，摄入不足或过量对幼猫的生长发育都有害。一般来说，幼猫粮中钙的含量至少占1%，磷的含量至少占0.8%，钙磷比为1∶1~2∶1。

年龄	能量（千卡/千克体重）	举例（每日能量需求）
6～20周龄	250	1.5千克幼猫：250×1.5=375千卡
4～6.5月龄	130	2.5千克幼猫：130×2.5=325千卡
7～8.5月龄	100	3千克幼猫：100×3=300千卡
9～11月龄	80	3.5千克幼猫：80×3.5=280千卡
12月龄	60	4千克幼猫：60×4=240千卡

怎么看小猫的出生天数？

状态	出生天数
脐带脱落	3
眼睛张开	8~10
外耳道打开	6~14
爬行	7~14
步行	14~21
长出乳牙	14~28
自主排尿、排便	21~28

新生幼猫的行为特征

二、成猫的营养与喂养

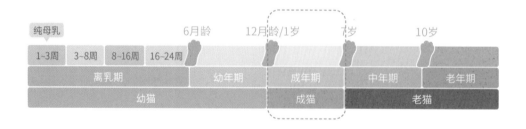

猫的成年期是指发育成熟至中老年以前的这一段时间，通常是1～7岁，虽然猫咪的品种多样，但发育规律和体格没有太大差异。成年猫的生理状态稳定，身体功能处于鼎盛时期。

应该给成猫喂食成猫专用粮。成猫生长发育放缓，能量需求量比幼猫时期降低，成猫粮除了提供全面均衡的营养，能量密度相较于幼猫粮更低，可以预防超重肥胖、过度喂养等问题。一些添加了功能性原料如膳食纤维、益生菌、鱼油等的猫粮还能预防一些特定的健康问题。

成猫每日饮水30～60毫升/千克体重，饮水充足可以维持正常代谢，预防泌尿系疾病，保护肾脏健康。

对于成猫来说，维持健康体重至关重要，成猫的每日能量需求是60～80千卡/千克体重。超重肥胖本身就是疾病，由此诱发的血脂异常、糖尿病、骨关节问题等，同样是困扰成猫的几大问题。因此即便是室内喂养，也要保证宠物猫的运动量，控制能量摄入，避免过度喂食。

要控制能量摄入，首先要养成定时定量喂食的习惯，建议每天喂食2次。定时定量喂食要求宠物主人根据宠物猫的每日能量需求（也可以根据猫粮包装上的喂养提示），每天多次提供猫粮，这有助于控制宠物猫总能量摄入、降低暴饮暴食风险，预防超重肥胖。

每日喂食建议

方法一
- 7:00 主粮1/2
- 12:00 少量零食或补充剂
- 19:00 主粮1/2
- 21:00 少量零食或补充剂

方法二 可能需要借助喂食器
- 12:00 主粮1/2
- 18:00 少量零食或补充剂
- 24:00 主粮1/2

* 零食的能量也要计算在总能量里

* 一些猫有夜间进食的习惯,最好有一餐是在晚上喂食

　　自由取食是现代都市最为常见的宠物猫喂食方法。对于上班族来说,可能没有办法在固定的时间给粮,就在家中适当位置摆放足够的猫粮,供宠物猫随时吃。这种喂食方法对于宠物主人来说,时间成本最低,且对于宠物健康认知的要求最低。

　　的确,宠物猫的饮食天性是少量多餐,且可以自主控制进食量,不会吃得过饱。

　　研究表明,在允许宠物猫自由进食的条件下,宠物猫每天可以进餐9～16次,但是每次进食量很少,每次摄入能量23千卡左右。另外,宠物猫具有比较强的自我管理膳食能量摄入的能力,能够通过调节饮食摄入和活动水平,让自己保持能量摄入平衡的状态。

但是，自由取食仍有缺点，就是很难控制每天喂食的总量，这样的饮食习惯存在致胖风险。

定时定量给粮，对宠物主人时间和认知的要求更高。宠物主人需要每天在固定的时间给宠物猫喂食固定量的食物，且宠物猫每天摄入的总能量能满足其营养需求。这就要求宠物主人每天有大量的时间照顾宠物。这样的喂食方法也适用于有健康问题的宠物猫。

现在有很多工具可以辅助定时定量喂食，比如自动喂食器、自动喂水器，这大大方便了人们喂养宠物，但在省时省力的同时要保证器皿清洁、粮食充足和安全，水、粮不足的时候要及时补充。

维持健康体重，除了限制能量摄入，还需要适量运动，建议每天保证宠物猫有30分钟的活动时间。室内喂养的宠物猫身体活动水平大大受限，膳食能量摄入很容易超过能量消耗，长此以往，多余的能量会转化为脂肪囤积在体内。

逗猫棒、球类、益智类玩具和能够增加猫攀爬、跑跳的活动都可以增加能量消耗，同时还可以增进宠物主人和宠物的感情，促进宠物猫智力和社会化发展。室外散步的方式不一定适合所有宠物猫。

室内运动

成年的宠物猫的猫粮应从幼猫粮更换为成猫粮，以满足成猫的营养需求。由于不同猫粮配方有所差异，建议宠物主人在换粮的时候给宠物的消化系统留出缓冲时间，这就是我们常说的"换粮过渡期"。

一般常用的是"7天换粮法"。可以用一周（7天）的时间逐步从旧粮换成新粮，通过新旧粮混合的方式，以新粮代替旧粮，减少宠物肠胃不适，最大程度保证营养消化吸收。除了消化吸收的因素，7天换粮法还能让宠物逐步适应新粮的口感、气味，对新粮的接受度更高。

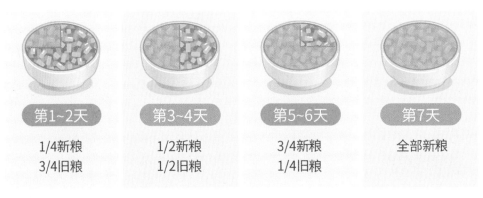

第1~2天	第3~4天	第5~6天	第7天
1/4新粮	1/2新粮	3/4新粮	全部新粮
3/4旧粮	1/2旧粮	1/4旧粮	

7天换粮法

7天换粮法

第1～2天：添加1/4新粮，观察宠物排便情况，如果没有腹泻或拉软便就可以增加新粮的比例。如果大便形态有稍许改变，没有关系，特别是吃添加了益生菌的猫粮容易出现这种情况。

第3～4天：新粮的比例增加到一半。

第5～6天：再增加1/4新粮，这时候大部分是新粮，少部分是旧粮，如果宠物没有特殊问题，就可以放心过渡到新粮了。

第7天：全部换成新粮。

换粮不仅适用于干粮，还适用于湿粮。随着经济的发展，宠物食品的种类越来越丰富。很多宠物主人不满足于只喂食干粮，还会给宠物喂食湿粮（罐头）、营养补充剂和零食（如猫条、猫草）。市售产品中有全价主食罐头，可以完全代替干粮。喂食主食罐头可以补充更多水分，非常适用于有泌尿系统疾病和不爱喝水的宠物猫。要注意，零食罐头的营养素种类和含量可能达不到宠物的每日需要量，是不可以代替干粮的。

如果尝试给宠物喂食主食罐头，也需要换粮过渡，过渡方法和干粮一样，每天增加1/4的罐头，和干粮混拌在一起，观察宠物猫的接受度和排便消化情况，如无异常，则可以每两天增加1/4的罐头，到第7天全部换成湿粮喂养。

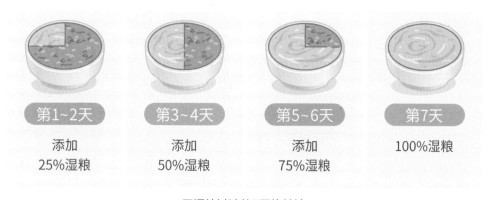

| 第1~2天 | 第3~4天 | 第5~6天 | 第7天 |
| 添加 25%湿粮 | 添加 50%湿粮 | 添加 75%湿粮 | 100%湿粮 |

干湿粮过渡的7天换粮法

在主粮无法满足营养需求的情况下，需要给宠物在饮食中添加营养补充剂。比如对于有皮毛问题、消化问题、骨关节问题等的宠物猫，一般主粮可能无法满足特殊的营养需求，需要额外对应补充不饱和脂肪酸、膳食纤维、维生素、矿物质等。常见的补充剂如美毛膏、营养膏、鱼油、卵磷脂、葡萄糖胺甚至胶原蛋白、左旋肉碱等，都具有特定的生理功能，只要按照标准安全添加，就可以放心地给宠物喂食。在宠物饮食中适当添加补充剂可以增进宠物健康，提前预防一些与营养相关的健康问题，同时可以增加宠物主人与宠物的互动，提高养宠幸福感。

三、孕期、哺乳期母猫的营养与喂养

1. 孕期

! 核心推荐

✔ 孕前将成猫粮换成孕期专用猫粮或幼猫粮，保证充足的能量、蛋白质、维生素和矿物质摄入。

✔ 合理增加喂食量，保证体重合理增长，可采用让宠物猫自由取食的喂食方式，以满足胎儿生长需求。

✔ 保证饮水充足，每天至少饮水100毫升/千克体重。

✔ 为宠物猫提供舒适的环境以备生产。

适合怀孕和哺乳的时期贯穿母猫的整个成年期，这也是猫作为哺乳类动物会经历的自然过程。在人类的照料下，宠物猫的孕期、哺乳期也需要追求科学喂养、优生优育，孕前检查、科学备孕、孕期管理、哺乳期管理，每一个环节都需要进行精心的营养管理，以达到保持母体健康、控制不良妊娠结局、促进后代健康成长的目的。

充足的营养不仅可以满足胎儿生长发育的需求，还可以减少怀孕母猫的营养流失。例如，如果孕期钙摄入不足，母体就会从骨骼中分解钙优先满足胎儿发育需求，这会造成母猫钙流失，如果多次在营养不良的情况下怀孕，很容易引起母猫骨质疏松。胎儿在营养充足的情况下发育，有助于减少新生幼猫的死亡率和日后的患病风险。

一般来说，宠物猫的怀孕分两种情况，一种是有计划的繁育，另一种是流浪母猫意外怀孕被捡回家。对于流浪母猫，可以在带回家前先检查身体，除了必要的隔离和驱虫，还可以大致判断母猫是否怀孕。对于怀孕的流浪母猫，由于无法判断流浪时的营养状态，最好通过体检来排除胎儿异常风险。接回家后，应给母猫提供充足的营养，以保证胎儿的正常发育。

对于有计划怀孕的宠物猫，首先要给母猫进行全面的身体检查，排除潜在的寄生虫、布鲁氏菌、疱疹病毒感染等问题。

孕期母猫的营养摄入必须满足胎儿的生长需求，一般成猫粮的能量密度和营养密度对怀孕母猫来说偏低，因此要提早有计划地换粮，防止母猫怀孕后因饮食改变而出现不适，比如腹泻、便秘等胃肠道反应。

最晚在母猫怀孕前2周为母猫更换猫粮，将成猫粮换成孕期专用猫粮或幼猫粮。孕期专用猫粮或幼猫粮的能量密度更高，可以让母猫在食量不变的情况下，获得更多能量和营养。新旧猫粮更替需要遵循循序渐进的原则，可以采用7天换粮法，新猫粮由少到多地替换旧猫粮，直至完全替代。

猫的整个孕期持续56～71天，平均65天，也就是大约9周。平均每一胎的产子数是3～5只，少到1只、多到9只的情况都有，不过最合适的产子数是3～4只，猫崽数量少一些，一方面能减轻母猫孕期的身体压力，另一方面母猫产后可以精心照料每一只幼猫。

孕期营养支持应该顺应胎儿的发育节奏，体现在母体上，就是母猫孕期体重应该按合理的速度增加。母猫的体重在孕2周之前增幅小，从第2周开始，每周体重呈线性稳定增加。因此，可以从孕2周开始，每周递增地为母猫增加猫粮，能量需求为每日100千卡/千克体重。到孕期最后阶段，也就是孕7周开始，猫粮的给予量应该是孕前的1.25～1.5倍。

孕期母猫有很强的自我管理饮食能力，所以喂养孕期母猫最好采用让母猫自由取食的喂食方式，将一天需要吃的猫粮放在猫碗里，允许母猫按照自己的节奏安排就餐。

应该给孕期母猫提供舒适、放松、干净的环境，提供充足、新鲜的粮食和

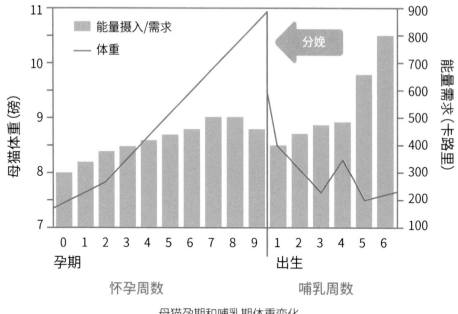

母猫孕期和哺乳期体重变化

水，及时清理猫砂盆，水盆和干粮碗也要每天清洗。

接近生产前几天，母猫会开始寻找安全且安静的地方，并在那边筑窝、待产。

宠物主人可以事先准备"产房"——纸箱、篮子或柔软的毛巾，并放置在房间里较少人会经过的地方。

当孕期接近55天时，应带母猫到动物医院确认胎儿数量和大小，以确保其可以顺利完成生产。母猫在生产时会消耗很多能量，可以适当准备猫罐头和水，放在"产房"周围供其取食。

如出现以下情况必须立即就医

母猫开始有生产的动作，但超过12小时仍没有胎儿出生（可能遭遇难产）。

顺利生下一只小猫，等待下一只小猫出生的时间超过2小时。

2. 哺乳期

核心推荐

✔ 保证饮水充足，每天至少饮水100毫升/千克体重，满足哺乳需要。

✔ 继续喂食幼猫粮，保持让母猫自由取食的喂食方式，保证食物充足，幼猫断奶后给母猫换回成猫粮。

✔ 哺乳期可适当补充鱼油，以满足幼猫生长期DHA的需求，促进幼猫大脑发育。

产后，母猫需要为新生幼猫提供纯母乳喂养，从出生到3周龄，幼猫需要完全依赖母乳，3周龄开始，幼猫可以食用母乳混合干粮的泥糊状食物，直至8周龄完全断奶，母猫要持续提供母乳，这期间的饮食重点是为母猫提供充足的食物和水。

从6周龄开始，幼猫就可以断奶，这时候绝大多数母猫也没有哺乳的强烈愿望，6~8周龄的幼猫会完成断奶，母猫就从繁重的哺乳生活中解放出来了。

母乳中78%是水分，因此，饮水量充足才能使母猫分泌充足的乳汁。另外，哺乳期的母猫会优先消耗自身营养泌乳，保证足够的能量和营养素摄入是保护母猫免遭营养不良的基本措施。

哺乳期的能量需求是孕前（一般成年期）的2~3倍，应及时补充能量，建议延续孕期让母猫自由取食的喂食方式，继续喂食幼猫粮，同时保证母猫能够随时随地获取充足的食物和水。哺乳期母猫每日饮水量应不少于100毫升/千克体重。

幼猫3~4周龄时，哺乳期母猫的泌乳量达到巅峰，此时能量需求也达到最高值。随着幼猫固体食物摄入量增加，母猫的泌乳量自然减少，母猫能量需求也逐渐减少。6~8周时，幼猫开始完成断奶。

幼猫完全断奶，标志着母猫经历了一个完整的繁育周期，母猫的体重会有所下降，但降幅不应超过正常体重的10%。刚断奶的头几周，母猫仍需要充足的营养来帮助身体恢复，当母猫恢复孕前体重，并且BCS（身体状况评分）稳定至5分，就可以循序渐进地换回成猫粮了。

母猫泌乳期能量需求及投喂次数建议

哺乳期	喂食量	喂食频率
第1周	1.5～2倍孕前能量需求	4～6次或自由进食
第2周	2.5倍孕前能量需求	4～6次或自由进食
第3～4周	2.5～3倍孕前能量需求	4～6次或自由进食
第4～6周	逐渐降低至1.5～2倍	4～6次或自由进食

　　除此之外，由于DHA是新生幼猫所需的重要营养素，可以为哺乳期母猫提供鱼油补充剂，增加母乳中的DHA含量，以促进新生幼猫的视力、神经、大脑等的发育，保证幼猫视力健康，提高其智力和社会化能力。一般来说，每天为哺乳期母猫提供3～7.9毫克/千克体重的DHA是安全有效的。

四、中老年猫的营养、喂养与照护

! 核心推荐

✔ 7岁以上更换老年猫专用粮。

✔ 控制能量摄入，适量活动，维持健康体态。

✔ 补充优质蛋白质、脂肪和适量的维生素、矿物质，适当补充抗氧化营养素。

✔ 保证饮水充足，每天至少饮水60毫升/千克体重。

从7岁开始，宠物猫正式进入中老年期，其中7～10岁是中年期，10岁以上是老年期，这两个阶段的猫被人们通俗地称为"老猫"。随着宠物医学的发展，宠物猫的平均寿命为15岁，在宠物主人悉心照料下，宠物猫活到18～19岁也是有可能的。

不同品种的猫幼年发育节奏、成年后的体格等生理特征没有明显差异，猫的生命阶段划分比较统一。中老年猫的代谢逐渐衰退，应该有针对性地更换老年猫专用粮。

中老年猫的瘦体组织含量下降、体脂率升高。瘦体组织是代谢活跃的组织，含量下降也反映在代谢率下降上。因此，中老年猫体重和体脂超标的风险增加。

年轻和年长宠物猫体成分对比

	瘦体组织（%）	体脂（%）	骨量（%）
1.5岁以内成猫	69	30	1
7岁以上中老年猫	64	35	1

老年猫专用粮一般有能量密度相对较低、优质蛋白质含量丰富、脂肪含量较少、矿物质含量适当等特点，能够让老年猫长期、稳定摄入适当的营养物质，更好地保护关节、肾脏，提升免疫力。

此外，老年猫的感官系统功能有所下降，可能会导致进食量下降。这种情况一旦出现，宠物主人应该尝试更换猫粮，或提供更加美味的湿粮，增强其食欲。对于有口腔问题的中老年猫，也可以适当喂食软食。

随着代谢率下降，老年猫的饮水量也有所下降，每日饮水60毫升/千克体重即可。

中老年猫的饮食和营养管理目标是：健康变老、延缓衰老——提供全面、均衡、充足且不过量的能量和营养素，促进身体健康、保持活力、预防高龄相关疾病、延缓慢性病进展、提高生活质量、延长寿命。

随着代谢率下降、身体活动量减少，中老年猫的能量需求也相应减少。宠物主人应该定期为宠物猫检测体重，以每周一次为宜，根据体重变化来调整能量供应，密切关注宠物猫的体重健康，并及时进行干预。

需要注意的是，12岁以上的老年猫通常会有增加进食量的行为，同时体重依然能保持稳定。有人推测，这是老年猫迎合自己胃肠道功能下降的生理情况，自主管理饮食的一种行为，也就是说，宠物猫知道自己消化吸收营养素的能力下降，于是通过增加食量来保证营养充足。

不要盲目限制蛋白质摄入，充足的蛋白质是维持骨骼肌含量的基础，能有效预防老年猫肌肉减少。老年猫膳食中的蛋白质最低应保持在26%，最好能达到30%，摄入量应该与年轻的时候持平。蛋白质摄入不良会加剧肌肉流失、削弱免疫力和抵抗力等。

随着年龄增长，宠物猫的肾功能逐渐下降，中老年猫的主粮中镁含量相对较低，能够降低肾结石、泌尿系统感染等的发生风险。

中老年猫高发的五个营养相关问题

适当降低总脂肪摄入量对于老年猫来说是有利的。脂肪的能量高，限制摄入能够限制总能量，从而降低老年猫体重和体脂超标的风险。另外，优化膳食中的脂肪种类也很重要。优选富含多不饱和脂肪酸（主要来源于深海鱼类）的猫粮，限制饱和脂肪酸（主要来源于猪油、牛油等）的摄入。同时，可以在喂食老年猫专用粮的基础上，补充富含ω-3脂肪酸的鱼油补充剂，以达到抗炎、延缓衰老的作用。

补充抗氧化营养素，如维生素E、维生素C、β-胡萝卜素等，能够帮助清除体内自由基，辅助代谢，增强中老年猫的免疫力，延缓衰老。

中老年猫运动方式和成年猫不同，要规避骨关节问题，避免造成骨折或加重关节炎症。每天最好保证有15～30分钟玩耍或散步的时间，避免剧烈运动和跑跳。适当的活动可以帮助维持肌肉量、促进血液循环和肠胃蠕动。

认知功能障碍综合征（Cognitive Dysfunction Syndrome，CDS）

猫的阿尔茨海默病是与高龄直接相关的一种疾病，通常被称为猫痴呆症，正式名称是"猫认知功能障碍综合征"。10岁以上的老年猫中，有大约1/3会有以下一种或多种症状，症状会随着年龄增长而加重。

1. 迷失方向，即使漫无目的在屋内闲逛也会迷路。
2. 它变得似乎不认识你了，可能会对你突然号叫。
3. 睡眠与觉醒的周期发生改变，即作息时间不规律。
4. 不再让你抚摸它，会远离你。
5. 当你叫它的名字时，它不再理你。
6. 当你回家时，它不再在门口迎接你。
7. 出现食欲不振的情况，不爱吃饭、喝水，甚至不再爱吃零食。
8. 表现得焦虑不安、极度烦躁，甚至过度舔舐自己。
9. 出现大小便失禁的情况。
10. 可能记不得食盆以及猫砂盆等常用工具的位置。

如果宠物猫有这些表现，请及时咨询兽医，在此之前详细记录宠物猫的健康史，包括症状的发作情况、时间以及可能引起异常行为的原因。

猫痴呆症目前无法通过药物、手术治愈，但可以采取一些措施来减轻症状。

1. 避免日常习惯、环境的改变：尽量保持固定的作息时间，并保持周围环境不变，以免使宠物猫产生压力。

2. 在饮食中补充中链甘油三酯（MCT）、维生素E、维生素C、硒、α-硫辛酸、黄酮类化合物、类胡萝卜素等，可能会延缓脑部衰老，从而延迟痴呆症状出现。

第二节 犬全周期生长发育与喂养

一、宠物犬的体形

与猫不同，犬类成年后的体形差异较大，这就造成犬类各生命周期营养需求差异较大。根据犬的品种（即成年后的体形），可以将宠物犬分为玩具型犬、小型犬、中型犬、大型犬和巨型犬几类。

无论是何种体形，犬的纯母乳喂养期和混合喂养期（即离乳期）的长度基本相同——出生后8周基本完成断奶。断奶后，犬的体形越大，幼年生长期越长：骨骼、器官体积更大，需要更多能量、营养来构筑身体组织。大型犬也更晚成熟，一般来说，小型犬1岁即可达到成年水平，中型犬要推迟到1.5岁，大型犬则需要到2岁。

进入成年期后，宠物犬会完成发情、繁殖等生理过程，母犬会经历怀孕、哺乳，这些特殊生命周期的能量和营养需求更高。玩具型犬、小型犬的成年期大约会持续到11.5岁，然后进入老年期。中型犬的成年期是1.5～10岁，大型犬、巨型犬的成年期则更短，只有2～9岁的7年时间。

简而言之，体形越大的宠物犬，幼年生长发育时间越长，青壮年、中年的时间越短，老年期会越早到来。由此可见，体形更大的犬生命周期更短，体形更小的犬更长寿。

不同体形犬的健康问题也不同，例如由于体形更大、体重更重，大型犬、巨型犬比中型犬、小型犬更容易出现骨关节问题，而小型犬因寿命更长则更容易出现与营养相关的慢性疾病。因此，在讨论营养需求和健康问题的时候，宠物犬需要根据体形分开讨论。

		0-3周	3-8周		6月龄	8月龄	10月龄	12月龄(1岁)	18月龄(1.5岁)	24月龄(2岁)		7岁		9岁	10岁	11.5岁
玩具型犬、小型犬		纯母乳	混合喂养	幼年快速生长期		幼年中速生长期		幼年慢速生长期		青壮年成年期				中年成年期		老年期
中型犬		纯母乳	混合喂养	幼年快速生长期		幼年中速生长期		幼年慢速生长期		青壮年成年期				中年成年期		老年期
大型犬、巨型犬		纯母乳	混合喂养	幼年快速生长期		幼年中速生长期		幼年慢速生长期	青壮年成年期				中年成年期		老年期

幼犬　　　　　青中年成犬　　　　　老犬

不同体形犬的全生命周期图

玩具型犬	小型犬	中型犬	大型犬	巨型犬
<6千克	6~10千克	10~25千克	25~45千克	>45千克

常见宠物犬的体形分类

二、幼犬的营养、喂养与照护

1. 幼犬的生长曲线图

与宠物猫相同，宠物犬的生长是否合理、喂养是否科学，可以参照生长曲线图（Growth Chart of Puppy）。而比猫的生长曲线图复杂的是，犬的生长曲线图需要根据不同体形分别来看。

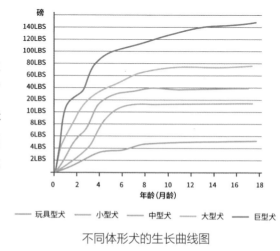

不同体形犬的生长曲线图

2．0～3周龄纯母乳喂养期

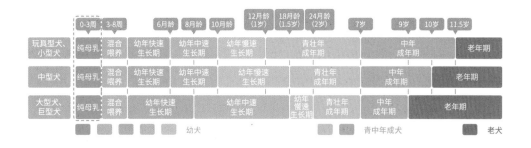

!**核心推荐**

✔ 0～3周龄纯母乳喂养，不需要额外补充其他食物，包括水。

✔ 幼犬专用奶（粉）可作为母乳不足时的代用品，定时定量喂食。

✔ 不可以直接给幼犬喂牛奶。

无论是哪种体形，0～3周都是新生幼犬的纯母乳喂养期，这个时期母乳可以为幼犬提供所需的全部能量和营养，不需要额外喂食其他食物，包括水，但如果没有母犬抚育或者幼犬数量过多，母乳不足，就需要人工喂养。

无论是母乳喂养还是人工喂养，宠物主人都需要每天关注幼犬的体重是否有所增加，这个阶段幼犬的体重每天至少需要增加5%，增加的克数会因为品种不同而不同，但如果出现体重减轻的情况，就要排除先天疾病、营养不足、发育迟缓等问题。

与新生幼猫的人工喂养一样，新生幼犬的人工喂养也需要定时定量，但有所区别的是，宠物犬体形差异比较大，出生体重、成长速度略有不同，因此在喂食时，也要把这个因素考虑进去。一般来说，随着幼犬的成长，喂食频率可以减少，成年体形越大的品种，幼年时喂食量越大。

周龄	1周龄	2周龄	3周龄
每日喂食次数	8次	5次	4次
每次喂食量	3~10毫升	10~30毫升	20~50毫升

玩具型犬、小型犬

周龄	1周龄	2周龄	3周龄
每日喂食次数	8次	5次	4次
每次喂食量	5~20毫升	15~50毫升	35~90毫升

中型犬

周龄	1周龄	2周龄	3周龄
每日喂食次数	8次	5次	4次
每次喂食量	10~25毫升	30~70毫升	60~120毫升

大型犬、巨型犬

不同体形幼犬配方奶喂食量

母犬的乳汁中含有丰富的蛋白质（6.62%~7.57%）、脂肪（8.92%~9.94%）、乳糖（2.76%~3.92%），新生幼犬依赖母犬的乳汁就可以获得所需的全部营养物质，母乳还可以提供免疫活性物质，供幼犬建立免疫力。有母犬抚育的新生幼犬不太需要人工喂养，宠物主人要特别注意给母犬和幼犬营造轻松、干净的环境，提供充足、清洁的水源和粮食。

对于需要人工喂养的幼犬，不要盲目喂食牛（羊）奶或供人类喝的奶粉，建议喂食幼犬专用配方奶。配方奶是针对宠物犬设计的、具有全面均衡营养的母乳替代食物。配方奶含有丰富的蛋白质、脂肪；乳糖含量也比一般牛（羊）奶低，容易消化吸收，不易造成幼犬腹泻。牛（羊）奶的蛋白质、脂肪含量及能量密度比母犬的乳汁低，乳糖含量较高，很容易造成幼犬营养不良、腹泻。

幼犬专用配方奶　　　自制奶　　　牛（羊）奶

针对幼犬需求设计
提供成长所需营养

原料、浓度难控制
风险较高

营养密度低、
乳糖含量高
容易腹泻

宠物专用奶（粉）、牛（羊）奶对比

新生幼犬的喂养

姿势

新生幼犬的肌肉、骨骼还没有发育完全，行动能力比较差，所以喂奶的时候要让幼犬正面朝下趴着，引导幼犬自己找奶瓶，并保持头部微微上抬吸吮奶嘴的姿势。这样可以模拟幼犬吃母乳的状态，不要像给婴儿喂奶一样，将幼犬肚皮朝上抱着。

容器

对于发育良好、有活力的幼犬，可以用奶瓶喂奶，奶嘴可以开一个小孔，以每次一滴的出奶量喂食，出奶量太少需要花更多力气喝奶。对于出生就比较瘦弱的幼犬，可能需要先用针管（管径更小）喂奶，这样才能避免呛奶或患上肺炎。

喂食温度

这个时期的幼犬还不能自主控制体温，因此要提供与母犬体温相似的配方奶，奶水的温度要控制在38℃左右。奶水过冷、喂食过快或喂食过多，都可能造成幼犬胀气、腹泻。

环境温度

对于新生幼犬来说，温暖舒适的环境温度也很重要。现在住宅的温度基本可以满足幼犬的需要，刚出生的幼犬可以紧贴母犬取暖，随着生长发育，幼犬可以逐步控制体温。

新生幼犬的适宜环境温度	
周龄	环境温度
1 周龄	30℃左右
2 周龄	28℃
3 周龄	27℃
4 周龄	24~25℃

3. 3~8周龄离乳过渡期

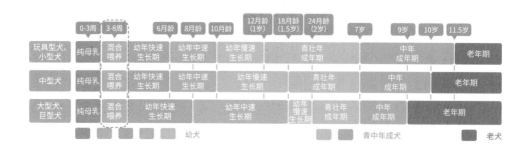

出生后10~16天，幼犬就能睁开眼睛；15~17天，耳朵开始能听见声音。随着视力和听力发育逐渐完善，周遭世界逐渐清晰地呈现在幼犬面前。与此同时，幼犬一天中清醒的时间越来越长，自主性体温调节能力越来越强，四肢也越来越强劲有力。好奇心和充沛的精力驱使它们离开妈妈的怀抱，到处探险、与同窝的幼犬社交和玩耍、与宠物主人互动，相较于3周龄之前，此时幼犬的身体活动水平大大提升。生长发育迅猛的幼犬对营养的需求明显提高了。

✔ 离乳过渡期坚持母乳喂养，顺应喂养，无特殊情况不要强行断奶。

✔ 3～6周龄开始添加固体食物，与幼犬专用奶（或母乳）混合成稠粥状喂养。

✔ 6～8周龄固体食物能量占比1/2以上，8周龄全部固体食物喂养。

✔ 培养幼犬自主进食的习惯。

✔ 每天提供不少于100毫升/千克体重的饮用水，优选凉白开。

从3周龄开始，母乳就无法提供足够的能量和营养素了，需要为幼犬添加固体食物来补充能量缺口。也是在这一阶段，幼犬的生理发育进一步完善，其胃肠道蠕动功能更强，也开始分泌更多的消化液，能够消化母乳之外的食物。另外，幼犬的乳牙在3～6周龄萌出，咬合和咀嚼能力随之长进，处理质地硬的食物的能力越来越强。这些都为添加固体食物打下了基础。

从3周龄开始，宠物主人就可以尝试给幼犬添加新的食物，同时继续让母犬进行母乳喂养，孤儿犬应继续配方奶喂养。不同时期添加的固体食物占比不同，质地要求也存在差异。

3～6周龄，宠物主人要将固体食物与母乳或配方奶混合，加工成稠粥状。每天分4次喂食，前4～5天，可以用汤匙喂食；从第5天开始，可以把食物放在浅盘子里，鼓励幼犬自己尝试去吃，引导幼犬学会自主进食。

从第6周开始，需要循序渐进地将固体食物由泥糊状过渡到干粮。固体食物的量可以增加至少1/2，每天分4次给予，食物的质地应该比上一阶段更粗糙、颗粒更大。刚开始时可以用温水将犬粮泡软，观察幼犬进食是否顺利、有没有出现胃肠道不耐受的不良反应。到第8周，就可以完全断奶并全部吃干粮了。在完全吃干粮的情况下，每天喂食3～4次，定时定量供应。也可以再搭配一小碟母乳，让幼犬持续获取免疫活性物质。

本阶段的幼犬逐步脱离母乳，开始摄入固体食物。母乳摄入量减少可能会带来水分摄入量不足的风险。为避免脱水，宠物主人应该及时提供充足、干净的饮用水，鼓励幼犬自主饮用。

无论是幼犬还是成犬，最清洁、经济的饮用水都是白开水，也就是烧开的自来水。日常人们饮用的瓶装、桶装水也是不错的选择，只是成本会更高。尽量不要给宠物犬喝没烧开的自来水，外出活动时也尽量避免接触未经杀菌的水，没有经过高温消毒的水源可能有细菌和寄生虫，会增加宠物犬感染的风险。

与宠物猫不同，宠物犬对于进食量的自主控制能力较差，很容易出现进食过多的情况，因此给宠物犬喂食更应该定时定量。

对于胃容量小的玩具型幼犬、小型幼犬，早期可以采用自由进食模式——不精细计算每餐喂食量，保证吃饱即可，但为了避免幼犬进食量过多，宠物主人需要及时观察幼犬是否吃饱，一旦吃饱就可以撤掉食物。

相反，对于大型幼犬、巨型幼犬来说，自由进食对成年后的健康和寿命存在不利影响，因为自由进食可能会造成生长速度过快，从而给骨关节带来压力，增加成年后患骨关节疾病的风险。通过合理控制食量，让幼犬保持相对缓慢、稳定的生长速度，不仅能降低骨关节疾病的发生风险，还能保证成年后的体格达到遗传水平。

4. 2~24月龄（2岁）离乳后幼年生长期

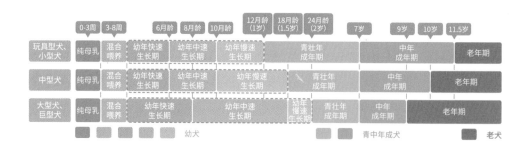

断奶后，幼犬会经历快速生长期、中速生长期，最终进入慢速生长期。慢速生长期的幼犬体格不再有明显生长。这个时期幼犬的能量和营养需求高于成年期，应该给幼犬喂食幼犬专用粮。

不同体形的幼犬在生命周期的划分上有一些差别。玩具型犬、小型犬和中型犬的快速生长期更短，幼年生长期持续的时间也更短。大型犬和巨型犬的快速生长期更长，幼年生长期持续的时间也更长。玩具型犬、小型犬和中型犬的快速生长期一般持续到3~6月龄，体形越小，快速生长期结束得越早，一般而言，10月龄前后就到达生长发育的稳定期——慢速生长期，不再有明显的体格变化。大型犬和巨型犬的快速生长期可以持续到8月龄，体形越大，快速生长期持续的时间越长；其生长期持续的时间也长，一般18~24月龄生长发育才稳定，不再有明显的体格变化。

不同生长期的幼犬能量需求有差异，喂养时的注意事项也有区别。宠物主人需要根据自己宠物犬的品种、生长发育情况等制订个性化的喂养方案。

无论幼犬是何种体形，每天应保证饮水100~120毫升/千克体重，保证生长、代谢正常。

①快速生长期

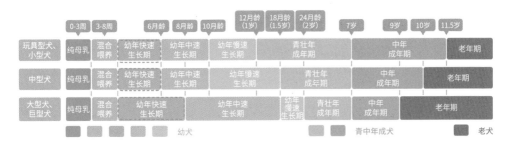

玩具型犬、小型犬和中型犬的快速生长期是2~6月龄。一些玩具型犬的快速生长期到3月龄就结束了。无论是何种体形，这一阶段幼犬的能量需求是成犬代谢能量的1.6~2倍。

玩具型幼犬和小型幼犬的胃容量小、口腔小、牙齿咬合力弱，进食能力相对更弱。因此，宠物主人应该为其提供能量和营养密度更高的犬粮。同时，可以选用颗粒小一些的犬粮，以方便幼犬咀嚼和吞咽。这样一来，幼犬少量进食就能获得充足的能量和营养素，确保营养全面且均衡，同时不给消化道带来负担。

大型犬、巨型犬的快速生长期是2～8月龄。体形越大，快速生长期持续的时间越长。

大型犬、巨型犬成年后骨关节疾病的发生率高，比如关节炎、髋关节发育不良等。因此，喂养大型犬、巨型犬的重点之一是确保其骨骼和关节正常发育，提供足量的营养素，如钙、维生素D等，同时预防过度喂食带来的骨关节损害。

对于大型犬、巨型犬来说，发育速度和骨骼、关节健康之间存在明显的矛盾。研究发现，自由进食能让幼犬的发育速度达到最快：同年龄段内体形更大、体重更重，更快达到成年稳定状态；而限制进食（自由进食食量的60%～70%）的幼犬生长速度中等，体形更小、体重更轻，花更多时间达到成年稳定状态。对比自由进食和限制进食，自由进食的幼犬虽然长势喜人，但成年后骨关节疾病的发病率明显更高。其实，两种进食方式都能使幼犬达到正常成犬该有的体格，只是限制进食的幼犬会花更长的时间。

快速生长期幼犬的能量需求

年龄		调整因子 （*成犬代谢能量ME）	举例 [ME=130×体重（千克）$^{0.75}$]
小型犬、中型犬	断奶～4月龄	2	3千克幼犬：$2 \times 130 \times 3^{0.75} \approx 593$千卡
	4～6月龄	1.6	7.5千克幼犬：$1.6 \times 130 \times 7.5^{0.75} \approx 943$千卡
大型犬、巨型犬	断奶～4月龄	2	7.5千克幼犬：$2 \times 130 \times 7.5^{0.75} \approx 1178$千卡
	4～8月龄	1.6	15.5千克幼犬： $1.6 \times 130 \times 15.5^{0.75} \approx 1625$千卡

②中速生长期

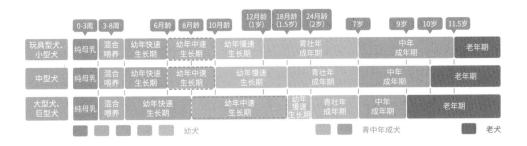

玩具型犬、小型犬和中型犬的中速生长期通常是6~10月龄。这一时期，幼犬的体重达到成年理想体重的80%，能量需求也从成犬代谢能量的1.6~2倍降低为成犬代谢能量的1.2倍。

大型犬、巨型犬的中速生长期通常是8~18月龄。体形越大，其中速生长期持续的时间越长。同样地，这一时期的幼犬会长成接近成犬的模样，生长发育速度越来越慢，能量需求也逐步降低。8~12月龄时，能量需求降低为成犬代谢能量的1.4倍，到了12~18月龄，能量需求降低为成犬代谢能量的1.2倍。

这一时期的喂食原则依然遵循全面、均衡、充足且不过量的原则，一方面促进合理的生长发育，另一方面避免过度喂食带来的体重和体脂超标的问题。宠物主人应该每周或每两周为幼犬称体重，利用BCS（身体状况评分）和MCS（肌肉状况评分）去调整喂食量。

中速生长期幼犬的能量需求

	年龄	调整因子 （*成犬代谢能量ME）	举例 [ME=130×体重（千克）$^{0.75}$]
小型犬、 中型犬	6~10月龄	1.2	10千克幼犬：$1.2 \times 130 \times 10^{0.75} \approx 877$千卡
大型犬、 巨型犬	8~12月龄	1.4	23千克幼犬：$1.4 \times 130 \times 23^{0.75} \approx 1911$千卡
	12~18月龄	1.2	26.5千克幼犬： $1.2 \times 130 \times 26.5^{0.75} \approx 1822$千卡

③慢速生长期

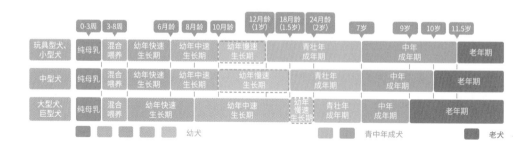

玩具型犬、小型犬的慢速生长期是10~12月龄。这个时期幼犬生长发育速度进一步放缓，逐渐具备成年期的体形和状态，能量需求由成犬代谢能量的1.2倍逐步降低，向成犬过渡。由于体形较小，器官生长发育快，玩具型犬、小型犬大约可以在1岁时步入成年。

中型犬的慢速生长期通常是10~18月龄。与小型犬相比，持续的时间更长。体形越大，其慢速生长期持续的时间越长。

大型犬、巨型犬的慢速生长期一般是18~24月龄，也就是1.5~2岁。这一时期的幼犬基本完成向成年期的过渡，无论是体形、性格、习惯，还是能量、营养需求，都趋于成熟。

三、成犬的营养与喂养

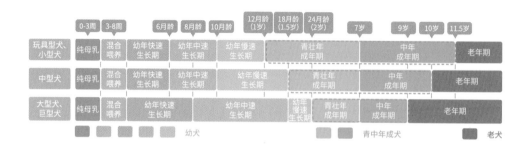

✔ 成年期应喂食成犬专用粮。养成定时定量喂食的习惯，尤其要注意大型犬、巨型犬的喂养，避免其超重或肥胖。

✔ 适量运动，维持健康体重，建议每天活动30分钟。

✔ 保证饮水充足，每天饮水50~60毫升/千克体重。

宠物犬的成年期指发育成熟至进入老年期前这一段时间。不同体形的犬成年期划分有区别：玩具型犬、小型犬在12月龄进入成年期，中型犬稍晚，在18月龄进入成年期，大型犬、巨型犬发育成熟得晚，要到24月龄才进入成年期。

此外，不同体形犬的成年期结束的时间也不同。玩具型犬、小型犬在11.5岁左右步入老年，中型犬在10岁左右步入老年，大型犬、巨型犬衰老得最快，在9岁左右就迎来暮年。

在没有特殊营养问题的情况下，一般将宠物犬的成年期定义在1~7岁，本书也按照这个逻辑去描述该阶段的喂食指导。养宠经验丰富的宠物主人可以根据更细致的年龄划分，精确地计算能量摄取量等。

成年犬的生理状态稳定，身体功能处于鼎盛时期。这一阶段的喂养重点是保持能量和营养充足，预防消瘦、超重和肥胖。宠物主人可以定期关注宠物的口腔、泌尿系统健康，对于长毛的宠物犬，还要重视皮肤和毛发健康。

成年期宠物犬应保证饮水充足。摄入充足的水能够维持生理代谢，同时能够预防泌尿系统疾病，保护肾脏健康。成犬每天的饮水量应该在50~60毫升/千克体重，饮水量不足可能会引发尿路感染、尿路结石等问题。

对于专注于玩耍或不喜欢喝水的宠物犬，可以采用以下几种方式增加饮水量。

成年期宠物犬的能量需求比幼年时低，因此应喂食成犬专用粮。成犬的喂食应遵循定时定量原则，每天喂食2~3顿为宜，每次的喂食量可以参考犬粮包装上的每日推荐量，等分为2~3份，每次喂食1份的量。

除此之外，对于清晰标示出能量密度的宠物食品，也可以通过计算宠物犬的每日能量需求，来换算每天应该喂食多少食物。计算方法是以宠物犬的体重为基础，同时考虑运动量，给予特定公式系数，并根据食品标签中的能量密度来换算。

一般来说，居家喂养的宠物犬，每日能量需求计算公式为：

每日能量需求（ME）=95×体重（千克）$^{0.75}$

举例：

一只10千克的居家宠物犬每日能量需求（ME）=95×10$^{0.75}$≈534千卡

一只22.5千克的居家宠物犬每日能量需求（ME）=95×22.5$^{0.75}$≈981千卡

对于活动量大的宠物犬，每日能量需求计算公式为：

每日能量需求（ME）=130×体重（千克）$^{0.75}$

举例：

一只10千克、运动量大的宠物犬每日能量需求（ME）=
130×10$^{0.75}$≈731千卡

一只22.5千克、运动量大的宠物犬每日能量需求（ME）=
130×22.5$^{0.75}$≈1343千卡

计算出宠物犬的每日能量需求后，就可以根据犬粮标签中的能量密度，将能量换算成犬粮的克重，然后定时定量喂食即可。计算公式为：

犬粮克重 = 犬每日能量需求（ME）÷每克犬粮的能量（千卡）

按照公式计算每日能量需求的方法，适用于需要精准控制喂食量以达到增重或减重目的的宠物犬。一般日常喂养，参考犬粮包装上的建议喂食量即可。

要保持健康体重，还需要让宠物犬有足够的活动量，建议每天运动至少30分钟。对于需要外出的宠物犬，可以每天外出2次，每次至少15分钟。

运动同样可以消耗能量，适合成犬的运动有飞盘、抛接球、慢跑、游泳等。除了消耗能量，运动还可以增强宠物主人和宠物犬的互动，增进宠物主人和宠物犬之间的感情交流，提高宠物犬的社会化程度，提高其智力和运动能力。超重或有关节问题的宠物犬需要酌情减少运动量。

还可以根据宠物犬的品种、性格来安排适合的游戏。例如，牧羊犬适合进行抛接球、飞盘等游戏，猎犬适合进行搜寻和追猎的游戏，而性情温顺的贵宾犬可以尝试散步和游泳。

牧羊犬（擅长追逐）
适合进行抛接球、飞盘等游戏
（如：边境牧羊犬）

猎犬（有极佳的嗅觉）
适合进行找玩具、躲猫猫等游戏
（如：腊肠犬）

具有水猎犬基因的宠物犬
适合进行水中运动
（如：贵宾犬）

不同品种的宠物犬适合不同的游戏

四、孕期、哺乳期母犬的营养与喂养

1. 孕期

 核心推荐

✔ 孕前将成犬粮换成幼犬粮，保证充足的能量、蛋白质、维生素和矿物质摄入。

✔ 合理增加喂食量，保证体重合理增长，可采用让宠物犬自由取食的喂食方式，以满足胎儿生长需求。

✔ 保证饮水充足，每天至少饮水150毫升/千克体重。

✔ 为宠物犬提供舒适的环境以备生产。

犬的孕期平均持续63天，也就是大概9周。孕5周之前，胎儿生长比较缓慢。从孕5周开始，胎儿生长速度开始变快，生长速度在孕期最后3周达到巅峰。胎儿生长的规律如实地反映在母体上——母犬孕5周之前体重增长缓慢，75%的体重增长发生在孕5～9周。至分娩前，母犬体重增加孕前体重的15%～25%。

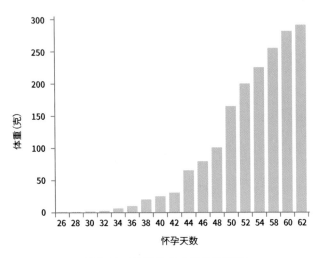

不同怀孕天数胎儿的大致体重情况

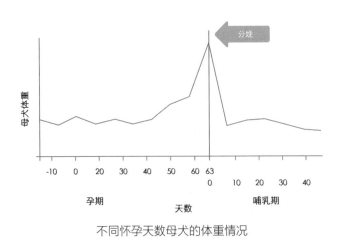

不同怀孕天数母犬的体重情况

孕期母犬的营养支持应该顺应胎儿的生长和母体体重增加的规律。孕期前4周，喂食量与孕前相似即可。怀孕5周开始，需要增加食物供应，逐步提高喂食量至孕前维持能量的125%～150%，怀孕6周以后，喂食量维持在这个水平。怀孕后期，胎儿的体格越来越大，挤压母犬腹部，母犬可能会因胃肠受挤压而限制进食量，此时应增加喂食次数。为了达到目标喂养量，宠物主人每天可以增加1～2次喂食次数，适应母犬的进食能力，同时保证营养充足。

不同孕周的膳食能量供应及喂养频率

孕周	膳食能量（%孕前维持能量）	喂养频率（次/天）	喂食方式
1～4	100%	2～3	定时定量
5	逐渐增加至125%～150%	2～3	定时定量/自由取食
6～	125%～150%	3～4	定时定量

应给孕期母犬提供幼犬粮，并在怀孕前至少2周就完成换粮。幼犬粮的能量密度更高，能满足母犬怀孕和胎儿生长的能量和营养素需求。孕期母犬粮不仅能量密度要高，所含营养素也应该全面、均衡且充足。

首先，犬粮中蛋白质和脂肪的含量应适当提高。理想情况下，蛋白质应该占28%～30%，脂肪至少占20%。另外，犬粮中的脂肪来源要健康，种类应比例均衡。脂肪应该来源于富含多不饱和脂肪酸的植物类食物，比如植物油、坚果等；同时，ω-6脂肪酸和ω-3脂肪酸的含量比例应该在5∶1～10∶1。

另外，犬粮中应该富含抗氧化营养素，如维生素A、维生素E、镁等。孕期母犬的身体会经历一系列巨变，氧化应激反应增强，生成的自由基清除不彻底会对身体健康有害。摄入足量抗氧化营养素能够帮助减少体内自由基，缓解氧化应激反应带来的伤害，保护母犬健康，促进产后恢复。

2. 哺乳期

犬的哺乳期会持续6～8周。幼犬出生到3周龄，母犬以纯母乳喂养新生幼犬，这个阶段母乳是幼犬唯一的食物来源。3～6周龄，幼犬的饮食主要是母乳与固体食物混合搭配。7～8周龄，幼犬逐渐完成断奶，母犬不再为幼犬提供母乳，幼犬的饮食完全以固体食物（幼犬粮）为主。

哺乳期的营养重点是为母犬提供充足的食物和水，以满足泌乳需求。宠物主

✔ 保证饮水充足，每天饮水150～180毫升/千克体重，满足哺乳需要。

✔ 继续喂食幼犬粮，根据母犬表现选择喂食方式，保证食物充足，幼犬断奶后给母犬换回成犬粮。

✔ 哺乳期可适当补充鱼油，以满足幼犬生长期DHA的需求，促进幼犬大脑发育。

人应保证母犬在家中可以轻松获取干净的饮用水。可以在家中多放置几个水盆，每天更换新的饮用水。哺乳期母犬每日饮水量应该在150～180毫升/千克体重。

哺乳期是母犬能量和营养需求最高的生命阶段，母犬的泌乳量随着新生幼犬食量的增加而增加，产后3～4周，泌乳量达到巅峰。随后，幼犬开始由少到多地接受固体食物，母乳摄入量相应减少。母犬的泌乳量下降后，对能量和营养素的需求也逐渐下降。

不同泌乳阶段母犬的能量需求及喂养频率推荐

阶段	膳食能量（％孕前维持能量）	喂养频率（次/天）
第1周	150%～200%	4～6
第2～5周	200%～300%	4～6
第6周至断奶	逐渐下降至150%	4～6

在母犬的整个哺乳期，宠物主人应该继续沿用母犬孕期吃的犬粮——幼犬粮，在幼犬完全断奶前不需要给母犬换粮。除满足营养需求外，哺乳期的母犬需要恢复身体，还需要照顾新生幼犬，身体和心理都处于压力之下，不建议此时更换犬粮，以免增加母犬的肠胃负担。分娩8周后，幼犬基本完成断奶，母犬不再分泌乳汁。此时的母犬经历了一个完整的繁育周期，体重会有所下降，但降幅不会超过正常体重的10%。宠物主人仍然需要给母犬加强营养，来帮助母犬恢复身体，使母犬体重恢复到繁育前的稳定体重，BCS（身体状况评分）恢复至5分。等到母犬体重恢复后，再循序渐进地将幼犬粮更换成普通成犬粮。

五、中老年犬的营养、喂养与照护

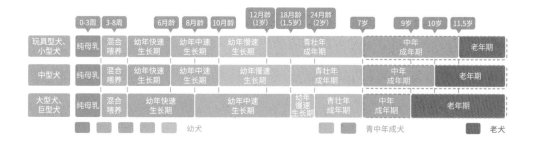

衰老是每一个生物都无法避免的生命旅程。步入老年，意味着生理和心理都进入一个全新的状态——衰老。

了解宠物犬变老的自然过程，以及衰老会带来的痛楚与磨难，能让宠物主人更懂得站在宠物犬的角度去理解它所要面临的挑战，给予其所需的营养和关爱，让宠物犬的寿命尽可能地延长，使它能够无忧无虑地享受生活，直到生命的最后一刻。

宠物犬的品种众多，不同品种体格差异很大，单从年龄来划分其生命阶段是有局限的。在判定宠物犬的生命阶段时，宠物主人需要综合考量宠物犬个体的品种、年龄、体形、生理功能变化、疾病状态等，精准判断生理年龄，才能给予宠物犬更好的照护。

一般而言，体形越小、体重越轻的犬预期寿命和健康寿命越长，步入老年期的年龄更大。小型犬的寿命在15岁左右，活到11.5岁才算步入老年；而大型犬的寿命在13岁左右，活到9岁就已经进入老年阶段了。

不同体形宠物犬步入老年的年龄

品种及大小	老龄
玩具型犬、小型犬（<10千克）	11.5岁
中型犬（10~25千克）	10岁
大型犬、巨型犬（>25千克）	9岁

老年犬各器官功能下降，代谢率降低，能量消耗降低，身体成分、营养需求与之前有所不同。除此之外，老年犬认知能力开始退化，需要宠物主人精心呵护。

在身体成分方面，老年犬的骨骼肌含量下降、体脂率升高。骨骼肌是代谢活跃的组织，骨骼肌含量下降就反映在代谢率下降上。因此，在这一时期，宠物犬体重和体脂超标的风险增加。

青壮年犬和老年犬的身体成分对比

	瘦体组织（%）	体脂（%）	骨量（%）
青壮年犬	79	18	3
老年犬	70	27	3

在喂养上，宠物主人需要及时调整宠物犬的日常膳食，更换犬粮，选择能量密度较低、营养密度合适的中老年犬专用粮。

中老年犬皮肤的弹性和柔韧性下降。与人类一样，其毛发颜色变淡，长出白毛。它们也会出现脱毛的情况，毛发还可能会变得干燥、不顺滑。因此，宠物主人可以为宠物犬补充滋养毛发和皮肤的补充剂，如ω-3脂肪酸、维生素C等抗氧化物，通过外源性营养的补充，在一定程度上弥补内源性缺陷。

中老年犬也会出现消化液分泌减少的情况，这会影响食物的消化、吸收。所以，中老年犬粮应营养全面且均衡、营养价值高、整体消化率高。

步入中老年期，宠物犬的肾组织会慢慢损耗，肾功能会随着年龄增加而下降。但是，肾功能丢失75%以上才会出现临床表现，比如肌酐升高；而在临床指标改变、真正有症状表现之前，肾已经受到了伤害。有研究表明，相较于青壮年犬，老年犬的肾脏对膳食蛋白质表现出钝性肾损伤反应。因此，宠物主人在为宠物犬提供饮食的时候，要确保膳食蛋白质含量合理——既不会给肾脏造成负担，又能维持体重、肌肉量，保证其他生理功能正常。

中老年犬的肌肉量和骨量都会不同程度地减少，这个阶段很容易出现骨关节疾病，比如关节炎、骨质疏松。骨关节疾病会带来显著疼痛，不适感可能会让宠物犬食欲不振，导致营养摄入不足。长期不干预，会造成营养不良，不仅会降低宠物犬的生活质量，还会缩短其寿命。

因此，日常应多关注中老年犬的肌肉和骨骼健康，提供充足的蛋白质、ω-3脂肪酸、钙、维生素D、抗氧化物质等，必要时可补充葡萄糖胺、软骨素等骨关节保健补充剂，促进肌肉、骨骼系统的健康，延缓骨关节疾病的进展。

宠物犬进入中老年时期后，免疫力也有所下降，比如T淋巴细胞数量下降，这让关节炎、癌症、感染性疾病的发生风险显著提高。保证营养全面、充足且不过量对于维护免疫系统至关重要。宠物主人可以为中老年犬补充增强免疫力的抗氧化营养素。

随着年龄增长，老年犬感官功能整体下降，嗅觉、味觉、视觉对于外界刺激的反应没有年轻时灵敏。这使得一些老年犬食欲下降、进食量减少，如果长期不改善，会出现明显的体重下降。

另外，一些老年犬对于生活节奏的变化可能难以适应，比如家中添加新成员、宠物主人居住环境发生改变等。这使得老年犬处于压力状态下，如果不加以疏导，可能会引起精神方面的问题，比如抑郁、焦虑等。精神状态差的老年犬可能会表现出拒食、进食量不足等引起营养不良风险的饮食行为。

除了做好预防，还要带中老年犬定期体检，监测疾病发作情况与进展情况，将慢性病的发生遏制在尚未发生但风险很大或已经发生但尚处早期的状态。这样不仅能让治疗效果更好，有效地延长寿命，治疗的花费也更小。

中老年犬也要适度运动，建议每天运动15～30分钟，有骨关节疾病的中老年犬可以酌情减少运动时间。规律运动能够延缓骨骼肌含量下降、消耗多余的身体脂肪、抗击体内的自由基。因此，宠物主人应该积极地为宠物犬创造运动的条件，比如一起出门遛弯、一起慢跑、一起玩游戏等。

第三章

宠物主要营养
健康问题

宠物的健康是每位宠物主人都非常关心的问题，而营养则是维持宠物健康的关键因素。一个全面均衡且科学的喂养方案可以有效预防和解决宠物的多种健康问题。

体重管理是维持宠物健康的一个重要方面。超重、肥胖会导致宠物出现多种健康问题，如糖尿病、心脏病等。通过控制宠物的能量摄入，提供高膳食纤维、低脂肪的食物，可以帮助宠物维持健康体重。此外，适当运动也是控制体重的重要手段。而体重过轻则可能导致器官发育不良、免疫力低下，增加感染、患肿瘤等风险，应该及时增加体重。

皮肤和毛发是宠物免疫力的第一道防线，也是健康状况的外在表现。优质蛋白质、必需脂肪酸（如$\omega-3$脂肪酸和$\omega-6$脂肪酸）、维生素和矿物质都对宠物的皮肤和毛发健康至关重要。这些营养素有助于维护皮肤的屏障功能，减少过敏反应，促进毛发的生长，使毛发有光泽。

泌尿系统问题是中老年宠物的高发问题。一些宠物，尤其是猫，容易患上泌尿系统结石或感染。优质蛋白质和适量的水分摄入对于维持泌尿系统健康至关重要。此外，某些矿物质如镁和磷酸盐的摄入需要严格控制，以降低泌尿系统结石形成的风险。增加饮水量也有助于冲洗泌尿道，减少泌尿系统感染和结石的发生。

口腔健康同样不容忽视。牙周病是宠物常见的健康问题。营养适当可以帮助改善宠物的口腔环境，减少牙菌斑和牙结石的形成。例如，含有适量维生素C等抗氧化物质的饮食可以促进宠物的口腔健康，减少牙龈出血和牙齿脱落的风险。此外，一些专为宠物口腔健康设计的特殊食品也可以帮助清洁牙齿，减少口腔问题的发生。

宠物的骨骼和关节健康直接影响其活动能力和生活质量。营养在维持关节健康方面起着至关重要的作用。例如，适量的钙和磷可以强化骨骼，而葡萄糖胺和软骨素则有助于软骨健康。ω-3脂肪酸也被发现可以减轻关节炎症状，缓解疼痛和僵硬。因此，宠物的饮食中应包含这些关键营养素，以预防和解决关节问题。

综上所述，营养在宠物健康中扮演着核心角色。通过提供均衡且富含必要营养素的饮食，可以有效预防和解决多种常见的宠物健康问题，确保宠物拥有健康、有活力的生活。

第一节　全生命周期免疫力

与人类一样，宠物猫犬也需要依赖免疫系统去抵御外界的、身体内部代谢产生的病原物质。而免疫系统是由免疫细胞、抗体以及其他免疫物质协同构成的庞大且复杂的网络系统，参与免疫过程的器官有胸腺、骨髓、淋巴、皮肤、肠道等。

营养与免疫

营养与宠物猫犬的免疫系统状态和免疫反应的平衡密切相关，不同年龄段的猫犬会面对不同的营养性问题及免疫问题。

一、幼年阶段

该阶段宠物猫犬的免疫系统尚不成熟，更容易遭到外界病原物质的打击，诱发感染性疾病，比如真菌或细菌感染性皮肤病、感冒、鼻炎等。充足的营养一方面能为免疫系统提供需要的营养物质，来维持正常的免疫活动；另一方面能够保证免疫系统的发育完善与成熟，让宠物越来越容易战胜病原物质。

刚出生头几个月，幼猫、幼犬的营养来源主要是母乳。母乳中有丰富的免疫物质，比如一些特定的抗体、免疫球蛋白等，还有充足的营养成分，比如乳糖、蛋白质、各种维生素和矿物质等。从母乳中获得的免疫物质能够帮助幼崽对抗该阶段接触到的病原物质，营养成分又能支持理想的生长发育。

断奶后，幼崽需要通过食物来补充营养。宠物主人要保证提供的食物中能量、蛋白质、多不饱和脂肪酸、碳水化合物、各类微量营养素（比如锌、硒、维生素A、维生素E等）充足。

二、成年阶段

步入成年后，宠物猫犬的身体状态一般比较稳定，免疫力也比较强，这个阶段需要充足的能量和营养去维持免疫力。喂养不当引起的营养不良会削弱宠物的免疫力，使它们更容易患感染性疾病。

需要强调的是，随着经济发展，绝大多数宠物主人都有足够的经济条件为宠物提供充足的食物，所以喂养不足引起的免疫缺陷相对少见。但要注意另一个更常见且棘手的问题：超重和肥胖。超重和肥胖会让宠物的免疫活动变得异常活跃，诱发身体炎症反应，让全身处于系统性低级别炎症状态。系统性低级别炎症反应会使全身组织的完整性和功能遭到长期、不间断的破坏，如果不加以控制，会诱发其他严重问题，比如内分泌疾病（如糖尿病）、关节炎等。

三、老年阶段

宠物猫犬进入老年后，身体功能全面下降，可能会身患各种慢性病，比如慢性肾病、关节炎、糖尿病等。在基础疾病的影响下，宠物可能会食欲不振、有进食障碍，长期得不到充分的营养支持，会导致它们的免疫力受损，容易诱发感染性疾病。

另外，宠物主人对猫犬生命周期的划分普遍不了解，宠物已经步入老年，但宠物主人并没有及时为宠物更换符合其生命周期生理特点的宠物粮，长期喂食过量，导致营养过剩，从而引发超重和肥胖问题。如前文所述，超重和肥胖也会给猫犬的免疫系统带来不利影响，而且仅依靠减重就能改善这一问题。

根据宠物所处的生命周期，提供符合宠物生理状态的宠物粮及补充剂，是保护宠物免疫系统的关键。能量、蛋白质以及其他营养素的缺乏，会引起免疫力下降的问题。

营养素缺乏	免疫缺陷	临床表现
蛋白质-能量营养不良	胸腺萎缩、淋巴细胞减少、细胞调控功能下降	感染性疾病易感，腹泻，各类疾病发病率和死亡率增加
蛋白质	细胞调控功能下降	感染性疾病易感
锌	胸腺萎缩、淋巴细胞减少、抗体减少	腹泻，皮肤感染
铜	淋巴细胞减少、病毒毒性增加	中性粒细胞减少症，贫血
硒	抗氧化功能下降、病毒毒性增加	感染性疾病易感，器官氧化损伤
铁	免疫应答水平下降、T-淋巴细胞减少	感染性疾病易感，贫血
维生素A	黏膜屏障功能受损、淋巴细胞减少、抗体减少、中性粒细胞与巨噬细胞减少	感染性疾病易感，尤其是呼吸道感染，腹泻
维生素E	抗氧化功能下降	器官氧化损伤

除此以外，一些营养素对增强免疫力有明显效果，如多不饱和脂肪酸（尤其是 ω-3脂肪酸）、植物化学物（如大豆异黄酮、β-胡萝卜素、叶黄素）。多不饱和脂肪酸能够缓解体内炎症反应；植物化学物具有抗自由基、抗氧化等作用。因此，建议宠物主人为宠物提供相关补充剂，比如鱼油等；也可以在提供的宠物粮中添加胡萝卜、西蓝花、大豆等富含植物化学物的食材。

第二节　体重健康问题

常见体重问题包括体重过重和体重过轻，二者都是不健康的。一般来说，体重过重与生活方式不当和喂食量过多有关，而体重过轻则与蛋白质和能量摄入不足、寄生虫感染、疾病等有关，原因不同，营养干预方式也不同。

一、判断体重是否健康——身体情况评分

如何判断宠物的体重是否健康呢？与评判人的体重不同，判断宠物体重是否健康的最好方法不是用体重秤称重，而是进行身体情况评分。

除了性别、年龄，评判宠物猫犬的理想体重还要考虑品种、体形，因此用体重秤称重的方法并不适用于日常观测宠物体重，过于繁杂的体重对照表可能会使宠物主人感到困惑。

身体情况评分（Body Condition Score, BCS）是通过目测和手触的方式来测量宠物猫犬身体不同部位，包括腹部、腰部、肋骨、皮下脂肪和肌肉的状态，从而判断宠物猫犬营养状况的方法。BCS采用9分制评分标准。

如图，一只体重正常的猫，身体情况评分应在"5分"的位置，即外观上应该身材比例均衡、能明显看出腰部在肋骨后方，肋骨可以触及，且有少量脂肪包裹，腹部脂肪量少。

如果经过外表观察和触摸，BCS低于5分，就视为体重过轻，需要增重；BCS高于5分则是体重过重，需要减重。

过瘦体形

1 看得见肋骨的短毛猫；触摸不到任何脂肪；严重腹部凹陷；可以轻易触摸到腰际的骨头。

2 容易看得见肋骨的短毛猫；腰际明显看得见骨头，带有微量肌肉；腹部明显凹陷；触摸不到任何脂肪。

3 容易触摸到肋骨，带有微量脂肪；明显看得见腰际的骨头；腹部轻微凹陷；腹部有极少脂肪。

4 能够触摸到肋骨，带有微量脂肪；肋骨后方有明显的腰身；腹部轻微凹陷；腹部没有脂肪层。

理想体形

5 比例相当匀称；肋骨后看得见腰身；摸得到肋骨，有少许脂肪覆盖；腹部有微量脂肪层。

过重体形

6 摸得到肋骨，并且覆有稍微过量的脂肪；可以看到腰部与腹部的脂肪层，但并不十分明显；腹部没有任何凹陷情况。

7 肋骨不容易触摸到，并且覆有中等量的脂肪；难以察觉腰身；明显有一圈小腹出现；腹部有中等量的脂肪层。

8 完全触摸不到肋骨，并且覆有过量的脂肪；完全没有腰身；明显有一圈小腹出现，并有显著的腹部脂肪层；腰附近有脂肪堆积。

9 完全触摸不到肋骨，并有大量脂肪覆盖；大量脂肪堆积在腰附近、面部以及四肢；腹部膨胀，完全看不见腰；大量的腹部脂肪堆积。

猫的身体情况评分

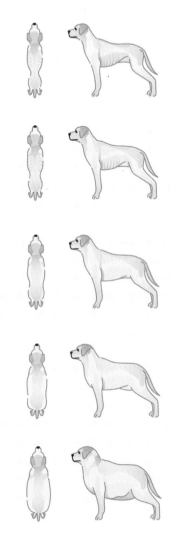

过瘦体形

1　在一段距离外，可以明显看见肋骨、腰椎、骨盆，所有骨骼凸起；身体上看不见任何脂肪；明显缺乏肌肉。

2　容易看到肋骨、腰椎与骨盆；触摸不到脂肪；有其他骨骼凸起的迹象；稍微缺乏肌肉。

3　容易摸到肋骨，看不到脂肪；可以看到腰椎；骨盆突出；明显看得到腰身与腹部凹陷。

理想体形

4　容易摸到肋骨，有少量脂肪覆盖；从上方观察，容易看见腰身；腹部线条明显凹陷。

5　摸得到肋骨，有适量脂肪覆盖；从上方观察，可以看见肋骨后方的腰身；从侧面观察，可以发现腹部线条向上收紧。

6　摸得到肋骨，有稍微过量的脂肪覆盖；从上方观察，可以看见腰身，但并不明显；仍可以看到腹部凹陷。

过重体形

7　不容易触摸到肋骨，有大量脂肪覆盖；可以看见脂肪围积在腰部和尾巴根部；腰身难以察觉或根本看不到；腹部线条仍可能略微凹陷。

8　无法触摸到肋骨，有大量脂肪覆盖，或者必须非常用力地按压，才能触摸到肋骨；大量脂肪围积在腰部和尾巴根部；完全没有腰身，也没有腹部线条；腹部可能明显膨胀。

9　大量脂肪围积在胸廓、脊椎与尾巴根部；完全看不到腰身，腹部完全没有凹陷；颈部和四肢也有脂肪围积；腹部明显膨胀。

犬的身体情况评分

一只体重正常的犬，身体情况评分应在4～5分（比猫范围宽），BCS低于4分是体重过轻，BCS高于5分是体重过重。

二、超重肥胖的猫犬如何减重

随着城市化发展，传统的放养式养宠方式逐渐变成室内喂养。从前宠物看家护院、外出猎食，运动量非常大，体形都保持得比较好。但现在越来越多的宠物被圈养在家中，喂养方式的变化使宠物活动范围和活动方式受到很大的限制，这直接导致宠物运动量减少。因此，室内喂养的宠物更容易有超重肥胖问题。据统计，20%～50%的犬和30%～50%的猫存在超重肥胖问题，老年猫犬活动量更少，因此超重的发生率更高。另外，特殊生理情况和疾病——绝育、甲状腺功能减退、肾上腺皮质功能亢进等也可能会引发超重肥胖。

超重肥胖与肾病、肝病、糖尿病一样，同样是疾病，都会给宠物的健康带来极大负担。日常生活中，超重肥胖会使宠物猫无法为自己舔毛，宠物犬则更容易发生关节问题导致行动不便，这些健康问题导致宠物生活质量下降，还会影响宠物的心理健康。研究表明，长期超重肥胖会让宠物猫或宠物犬折寿2.5年以上。

对于疾病造成的超重肥胖，需要先进行疾病治疗，而非先减重，具体要咨询兽医师。

而对于没有其他疾病的宠物来说，超重肥胖的主要原因就是能量摄入长期大于消耗，因此要给宠物减重，就要"管住嘴、迈开腿"。

宠物主人可以参考以下步骤，调整喂养方式、增加宠物活动量，以协助宠物减重。

步骤1　判断宠物是否需要减重（不要盲目给宠物增重或减重）。猫犬BCS大于5分则需要减重。

能量的摄入与消耗

步骤2　记录每日的喂食量，即包含主食、零食和补充剂在内的所有食物的总能量，同时记录活动量、体重，以此为初始值。

步骤3　在不改变活动量的前提下，在初始总能量的基础上每月减少20%的能量摄入，并每周称量体重，体重减少的速度以每周0.5%～2%为宜。

同时，调整主食、零食、补充剂能量的比例。零食、补充剂的能量不超过总能量的10%。

步骤4　当宠物猫BCS达到5分，宠物犬BCS在4～5分时，就可以停止减重，并将喂食量维持在这个水平。

如果喂食量即将低于建议喂食量，但宠物的体重仍然没有达到理想值，建议在维持当下喂食量的基础上，增加宠物的活动量。活动量的增加也需要循序渐进，每周增加15分钟左右即可，直至达到理想身体情况评分。

上述方法中的"主食"指的是全价干粮或全价湿粮，其他宠物食品都应该归类为零食或补充剂。例如喂食的是零食罐头，就应该计入零食的能量。需要特别注意的是，主粮的喂食量不可低于建议喂食量，以保证充足的营养素摄入。

如果是用全价干粮和全价湿粮同时喂养，则建议先不用湿粮，完全用干粮喂养。对于减重期的宠物，应该减少罐头的喂食量，以免刺激食欲。

在减重过程中，应时刻观察宠物的生理、心理状态，如果宠物有急躁、注意力无法集中、精神变差等行为变化，或便秘、腹泻等肠胃问题，需要及时排查原因。原因去除后如果没有改善，则应停止减重。

下面是根据减重策略制作的减重手册，可供宠物主人参考。

宠物体重管理手册

	喂食量（总能量）/千卡	活动量/分	体重/千克	BCS	备注
第1周					
第2周					
第3周					
第4周					
第5周					
第6周					
第7周					
第8周					
第9周					
第10周					
第11周					
第12周					
第13周					
第14周					
第15周					
第16周					
第17周					
第18周					
第19周					
第20周					

三、体重过轻的猫犬如何增重

与超重肥胖不同，宠物体重过轻的主因可能不是能量摄入问题，还有可能是遗传原因、寄生虫感染。有些宠物天生就长不胖，有些宠物天生就容易长胖。如果宠物主人没有定期给宠物驱虫，宠物接触外界环境而感染了寄生虫，体内的营养被寄生虫吸收，也会出现偏瘦的情况。

此外，挑食、长期食物过于单一，营养素摄入不均衡，也有可能导致宠物偏瘦。

如果宠物的体重下降与潜在健康问题有关，如寄生虫感染、消化问题或慢性疾病，请及时就医。

给宠物增重，首先要关注营养是否全面均衡、能量是否充足，要循序渐进增加喂食量，定期记录体重，直至体重达到理想值（同样可以使用"宠物体重管理手册"）。具体操作方法如下。

首先，选择能量、营养密度较高的主粮，如幼猫粮、幼犬粮或体重管理专用粮。

每月增加20%的能量摄入，体重增加的速度以每周0.5%～2%为宜。

为了增加进食频率，宠物主人可以将宠物的日常食物分成多份喂食，并在喂食的时候给予鼓励。

可以添加一些高能量的营养补充剂，如增重专用高蛋白食品、鱼油、亚麻籽油。

可以增加食物中罐头的比例，罐头适口性更好，可以刺激宠物食欲。

四、预防绝育后发胖

动物的体内皆含有可以帮助消耗能量的性激素，绝育后，动物体内便会缺乏性激素的刺激，使它们变得懒懒的，尤其是公犬或公猫，它们不再需要跟其他雄性动物打架来争夺伴侣，活动量大大降低，而食量反增，最后逐渐肥胖。宠物绝育后，宠物主人可以根据宠物自身情况适当减少每日喂食量，同时增加其运动量，以预防绝育后发胖。

第三节　皮肤毛发健康问题

　　关注宠物猫犬的毛发和皮肤健康至关重要，因为它们的外部健康状况通常是整体健康的重要指标。毛发有光泽、皮肤无异常，则反映宠物健康状态良好。皮肤和毛发异常可能是某些潜在疾病的早期迹象。

　　一些与饮食营养相关的毛发和皮肤问题，通过改善营养状况可以预防和改善。

一、日常营养摄入不足

　　蛋白质、不饱和脂肪酸、维生素A、维生素E、B族维生素、锌、铜等营养素缺乏，会导致皮肤代谢、毛发生长异常，皮肤油脂分泌不足、发质变差，更容易出现脱发、毛发密度下降、盘结的问题。需要强调的是，营养缺乏数月后，可能才会出现毛发问题，由于很可能伴随其他健康问题，千万不可轻视。

　　解决方法：提供全面均衡的营养。

1. 保证食物中有足够的优质蛋白质。蛋白质参与皮肤细胞和毛发的构成。鱼类和肉类富含优质动物蛋白。

2. 保证食物中有足够的$\omega-3$脂肪酸和$\omega-6$脂肪酸。这两种脂肪酸对于皮肤和毛发健康非常重要。$\omega-3$脂肪酸通常来源于鱼油、磷虾油等，而$\omega-6$脂肪酸通常来源于一些植物，如亚麻籽。不饱和脂肪酸有助于改善皮毛的整体状态，促进健康皮毛的生长。

3. 保证食物中有足够的维生素。维生素A对于皮肤和视力健康至关重要。维生素E是一种抗氧化剂，有助于防止细胞氧化。动物肝脏和鱼肝油是维生素A的良好来源，而坚果种子和植物油则富含维生素E。生物素是一种B族维生素，参与新陈代谢，对于毛发的健康至关重要。肉类、蛋类和全谷类食物中含有丰富的生物素。

④ 保证食物中有足够的矿物质。锌、铜对于修复皮肤和维持毛发正常生长非常重要。肉类和海鲜是锌的良好来源。动物肝脏、海产品、坚果是铜的良好来源。

⑤ 充足的水分摄入对于保持皮肤湿润和毛发光泽非常重要。确保宠物随时有干净的水可饮用，还可以通过添加湿粮来增加宠物的水分摄入。

二、食物过敏

食物过敏是摄入正常食物或食品添加剂后发生的异常（非预期的）免疫反应。当宠物的免疫系统对特定的食物产生免疫反应时，就会发生食物过敏。宠物首次接触某种食物时不会发生过敏反应，再次接触这种食物（过敏原）时，免疫系统才能识别。

出现食物过敏的宠物临床症状通常为皮肤病症状或（和）胃肠道症状。非季节性瘙痒是最典型的皮肤症状，一般猫的症状仅出现在头部、颈部和面部；而犬的症状遍布全身，常见受影响的皮肤区域包括耳部、足部、腹部和面部。腹泻和呕吐是最常见的胃肠道症状。

对于由食物过敏引起的皮肤瘙痒、脱毛、皮肤红肿，辨识出过敏原并避免在食物中添加，就可以解决问题。

①常见过敏原

食物过敏原通常是蛋白质，没有一种蛋白质是低过敏性的，过敏反应是个体对某种蛋白质产生免疫反应的结果，其部分原因是该个体曾经接触过这种蛋白质。虽然也有报道称谷物原料也会引起食物过敏，但最终结果显示是谷物中的某些蛋白质成分引发了过敏反应。

无论是犬还是猫，谷物都不是报告最多的食物过敏原。在犬的食物中，排名前三的食物过敏原为牛肉、奶制品及鸡肉中的蛋白质。在猫的食物中，最常报道的食物过敏原来自牛肉、鱼肉和奶制品。

牛肉(40%)
奶制品(20%)
鸡肉(13%)
小麦(11%)
蛋类(7%)
羊肉(5%)

牛肉(20%)
鱼肉(15%)
奶制品(14%)
羊肉(6%)
家禽(5%)
大麦/小麦(4%)

常见宠物食品过敏原来源

②如何预防过敏——选择单一蛋白质来源的食物

某些宠物可能对某些蛋白源过敏。使用单一的动物蛋白，更容易识别和排除可能引起过敏的蛋白源，从而帮助宠物主人更好地管理宠物的饮食。

使用单一的动物蛋白意味着宠物食品中只包含一种动物蛋白源，而不是混合多种不同的蛋白源。这减少了宠物接触到的致敏原种类，降低了可能引发过敏反应的概率。

第四节　营养反应性胃肠道健康问题

胃肠道是消化吸收的重要器官，再有营养的食物，也需要通过消化吸收，将食物中的营养素转化为可以被身体利用的物质，可以说，胃肠道的健康对营养状态起决定作用。

动物身体里的各大器官相互配合，让食物转化为营养物质。食物进入胃里，胃部会把食物研磨成更小的颗粒以帮助身体吸收利用，各种营养物质通过小肠被吸收利用并通过血液运送到身体各个器官。大肠储存无法被身体利用的食物残渣，一些残渣在大肠中被细菌再次利用，可以生产出能够被身体利用的物质如维生素K，所以想要营养好，离不开胃肠道的支持。

对于宠物猫犬来说，呕吐和粪便的状况能反映其健康情况，这也是宠物主人最容易关注到的。会简单判断异常呕吐行为和异常粪便，一方面能缓解宠物主人的焦虑、纠正不良喂养习惯，另一方面能保证生病的宠物猫犬得到及时的医疗干预。

一、呕吐行为的原因及处理方法

①反刍

宠物猫犬时常会呕吐，并不是每一次呕吐都表明它们生病了，也可能是反刍。反刍指宠物进餐后不久，就把尚未消化的食物原封不动吐出来；食物经过食管，被塑形成条状；很多时候，它们吐完后，还会把吐出来的食物再吃回去。反刍的原因往往是进食太快，吃进去很多空气，吃的食物过多，食物里可能有一些杂质，这些原因会很快引起腹胀不适，于是宠物猫犬会将胃里的东西呕吐出来以缓解不适。

反刍不是生病，是不良进食行为引起的，解决办法是控制宠物猫犬的进食速度。

1 避免让宠物猫犬过度饥饿。每天定时定量提供2~4餐。对于宠物猫可以采用自由取食法，让其自由安排饮食。

2 家中有多只宠物时，让它们分开进食。宠物聚众进食时，可能会产生竞争意识，于是会加快进食速度，这一行为趋势在宠物犬身上表现得尤其明显。到就餐时间时，宠物主人可以将宠物分开，放在彼此看不见对方的角落，让它们单独进食。

3 使用慢食盆，辅助降低进食速度。

②呕吐

如果宠物猫犬在空腹状态或就餐很久后开始呕吐，伴随腹部收缩、用力、口水分泌增多，还出现不停舔嘴巴的行为；吐出来的可能是部分消化的食物，也可能没有食物，而是透明、黄色、绿色、红色等不同颜色的液体，就提示这是真呕吐，部分情况比较危急，宠物主人一定要注意。

呕吐物性状	原因
黄色、透明或白色的液体，同时混合毛发	宠物猫吐毛球，提示需要加强日常毛发护理
黄色、黄绿色液体	呕吐物为胆汁，提示空腹时间过长，也可能提示存在肝脏问题
透明液体	胃食管反流，或空腹时间过长
白色泡沫状液体	胃食管反流，或空腹时间过长
红色、血色液体，或吐血	提示出血，出血部位可能是口腔、食管、胃，也许是吃了尖锐物
咖啡色	提示胃出血，通常是胃溃疡导致
棕色，伴随臭味	提示存在上消化道问题

不难看出，引起呕吐的原因有很多，饮食不当、患病、毛发护理不当，都可能诱发呕吐。

诱因	描述
饮食因素	饮食不当：吃了不该吃的东西，比如垃圾、有毒花草等 换粮过快：换粮时没有过渡期，引起食物不耐受 过量进食：单次就餐食物摄入过多
疾病因素	食物过敏 感染性胃肠道疾病：细菌、病毒、寄生虫感染 非传染性慢性病：糖尿病、肾衰竭、肝衰竭、肿瘤 急慢性胃肠炎、胃肠溃疡 胰腺炎

需要强调的是，如果是疾病原因引起呕吐，通常还会伴有其他症状，包括发热、体重下降、食欲不振、腹痛、腹泻、便血、持续干呕甚至吐血等。如果出现这些症状，应该第一时间将宠物送往医院进行治疗。

如果呕吐是由生活方式不当引起的，为了缓解症状，日常饲养宠物时，宠物主人的护理工作要做到位。

① 定期驱虫。

② 每日定时定量提供2~4餐（宠物猫可以自由取食）。

③ 定期为宠物猫梳理毛发。

④ 制止翻找垃圾桶行为。

⑤ 遛宠物犬时制止乱舔舐、吃其他动物排泄物、吃毒性不明的花草等不当行为。

⑥ 不在家里种植有毒花草。

⑦ 换粮应循序渐进，用7~10天过渡，由少到多地用新粮替换旧粮。

二、便秘与腹泻的判断及处理方法

粪便情况能准确地反映出宠物猫犬的胃肠道情况。宠物主人应能通过观察宠物的粪便情况来判断其是否存在便秘或腹泻的情况。

编号	干湿程度	粪便形态	软硬程度
1	排出费力	颗粒状	按压难变形
2	适中	分段条状	铲起时不变形 无残留
3	表面湿润	几乎不分段	铲起时不变形 有残留
4	较湿	不分段	铲起时会变形 有残留
5	非常湿	软软塌塌 不成形	铲起时会变形 残留多
6	异常湿	无形状 一滩/坨	异常软
7	像水一样	像水一样	像水一样

粪便评分图表

粪便软硬度主要取决于粪便中的水分，可用于识别结肠健康状况变化和其他问题。
理想情况下，健康的猫犬粪便应紧实但不坚硬，柔软、分段且易于捡拾（评分2）。

评分	样本	特征
1		·非常坚硬且干燥 ·通常排出一颗颗的硬球 ·需要用很大力气才能排出 ·捡拾时不会在表面上留下残留物
2		·紧实但不坚硬;柔软 ·外观呈现分段式 ·捡拾时几乎不会在表面上留下残留物
3		·条状;表面湿润 ·几乎没有裂痕 ·在表面上会留下残留物,但在捡拾时保持成形
4		·非常湿润和柔软 ·条状 ·在表面上会留下残留物,在捡拾时会散开
5		·非常湿润,但仍保持明显的形状 ·呈堆状而非条状 ·在表面上会留下残留物,在捡拾时会散开
6		·具有纹理,但不成形 ·呈堆状或点状 ·捡拾时会在表面上留下残留物
7		·水样 ·无纹理 ·完全呈液体状

理想的粪便应该是条状、成形、捡起来或铲起来时不变形、地上无残留，宠物排便的过程也应该是轻松自如的。

如果宠物排便费力，肉眼可见宠物在使大劲，而粪便干硬、呈颗粒状，那就说明宠物便秘了。这可能是宠物平日里饮水量和膳食纤维摄入量不足引起的。应该鼓励宠物多喝水，可以在水里加一些肉汤或宠物平时爱吃的食物，比如少量肉渣、罐头渣、干粮等，让宠物自愿多喝水；也可以购买喂水专用针管，温和地将水喂给宠物。另外，还应该给宠物补充一些膳食纤维，可以给宠物喂一些适合它们吃的蔬果，也可以给宠物补充膳食纤维补充剂。

如果宠物的粪便水分大、不成形、捡起来或铲起来会有残留（就是常说的软便），就说明宠物腹泻了。这时应该将宠物送往医院排查腹泻原因。在日常生活中，宠物主人应该做到以下两点。

1. 根据宠物的生命阶段，提供品质稳定、质量高、营养全面且均衡的膳食。

2. 及时制止宠物的不当饮食行为，比如翻找垃圾桶、出门乱吃杂物等。

宠物猫犬的粪便颜色有时候也会发生改变，宠物主人可以根据粪便颜色初步判断宠物是否生病了。如果观察到宠物粪便呈现红色、黑色、绿色、灰白色，一定要第一时间将宠物送往医院。

褐色	表面有米粒状白点	红色	黑色/红褐色	黄色/橘色	绿色	灰白色
正常	可能体内有寄生虫感染	肠道后段、肛门等受损出血	肠道前段、胃等受损出血	食物不耐受或有肝胆疾病	摄入绿色色素（如大量青草）或有胆囊疾病	有胰腺或胆囊疾病

粪便颜色与常见病因

三、如何通过饮食改善消化吸收

1 选择易于消化的食物，胃肠道敏感的宠物特别要注意。鸡肉和鱼肉是高质量、易消化的蛋白质来源。

2 将宠物的日常食物分成多份，每天多次喂食，避免一次喂食很多食物。这有助于减轻胃肠系统的负担。

3 在膳食中适量添加膳食纤维有助于促进胃肠蠕动，从而缩短食物在肠道中通过的时间。南瓜、胡萝卜、燕麦等是天然的膳食纤维来源。

4 在膳食中添加益生菌、益生元有助于维持肠道微生态平衡，促进有益菌的生长。

5 一些植物营养素和营养补充剂可能对宠物的胃肠健康有积极作用。

6 必要时进行食物过敏测试。一些宠物猫犬腹泻可能是由于对某些食物过敏。如果怀疑宠物对某些食物过敏，可以进行食物过敏测试，以识别可能引起过敏的特定食物成分，并调整饮食。

7 定期观察并与宠物营养师沟通，定期检查宠物的胃肠健康状况（包括粪便情况），及时发现并处理任何潜在问题。

在选择益生菌时，有几个关键因素需要注意，以确保其对宠物的健康有益。

菌株的选择：不同的益生菌菌株对宠物的影响可能不同。确保选择的益生菌有科学研究支持，并有益于宠物的胃肠道。乳酸菌（例如嗜酸乳杆菌）、双歧杆菌等是常见的益生菌。

菌株的数量和活性：益生菌产品通常会标明每种剂量中菌株的数量，以CFU（菌落形成单位）为单位。确保选择的产品提供足够的益生菌数量及活性，以在胃肠道中建立和维持正常的微生态平衡。

产品的质量：选择由可信赖的制造商生产的益生菌产品。品牌的声誉、产品的质量控制以及是否遵循行业标准都是考虑的重要因素。

是否添加益生元：一些益生菌产品中还添加了益生元，这是有益于益生菌生长和活性的非消化性食物成分。乳果糖、果寡糖、聚葡萄糖等是常见的益生元。

产品的存储：根据制造商建议存储选购的益生菌产品。有些益生菌需要在低温环境下保存，有些益生菌则可以在室温下保存。

咨询宠物营养师：在给宠物添加益生菌之前，最好咨询宠物营养师，宠物营养师会根据宠物的健康状况和特定需求提供个性化的建议。

四、猫特有的毛球症

猫很容易得毛球症，就是舔食下去的毛发没有及时排出，堆积在胃里形成毛球。毛球有时可以通过排便排出，但有时也可能引起健康问题。如果毛球堆积在猫的胃里，猫就会出现呕吐、食欲不振、便秘等症状。如果毛球比较小，可以通过喂食辅助排出，但如果毛球比较大，就需要就医了。

猫非常擅长自我梳理、舔舐毛发，但这也使它们容易吞下大量毛发。长毛的猫品种更容易得毛球症，因为它们通常掉毛较多。如果猫的胃肠道动力不足，食物不能迅速通过胃肠道，也容易导致毛球形成。在北方秋冬季或室内干燥的环境下，猫舔毛时可能会吞入更多的毛发。生病的猫或年老的猫由于身体状况较差，掉毛变多且消化能力变差，更容易得毛球症。

预防毛球症的方法

No.1

定期梳理

定期梳理宠物猫的毛发是预防毛球症的有效方法。特别是对于长毛品种，定期梳理毛发可以减少掉毛，降低吞下毛发的概率。

No.2

补充油脂

在膳食中添加一些富含$\omega-3$脂肪酸的油脂，如鱼油，有助于润滑肠道，减少毛球形成。

No.3

适量摄入富含膳食纤维的食物

适量摄入富含膳食纤维的食物可以促进肠道蠕动，帮助毛球顺利排出。也可以选择专门用于预防毛球症的猫粮。

No.4

定期洗澡

定期使用宠物猫专用的洗护用品给宠物猫洗澡。洗澡可以去除宠物猫身上松散的毛发，降低吞食毛发的概率。但洗澡不要过于频繁，以免破坏宠物猫皮肤上的天然油脂。

No.5

保持室内正常湿度

在干燥的季节，使用加湿器等保持室内正常湿度，有助于减少宠物猫毛发脱落，从而降低吞食毛发的概率。

No.6

定期咨询宠物营养师

定期向宠物营养师咨询宠物猫喂食情况，反馈宠物猫健康状态，有助于提早发现一些与毛球症有关的症状。一旦症状严重，就要及时带宠物猫就医。

第五节 泌尿健康问题

一、猫下泌尿道疾病

近十年以来，猫下泌尿道疾病（Feline Lower Urinary Tract Disease，FLUTD）高发，其成因包含膀胱发炎、膀胱结石、膀胱感染、尿道阻塞，以及其他尿道异常情况。了解宠物猫的下泌尿道健康相关知识非常必要。

在20世纪70年代，第一次用"猫下泌尿道综合征（Feline Urologic Syndrome，FUS）"这一名词来描述这类疾病；到了20世纪80年代，出现了另一个新名词——"猫下泌尿道疾病（Feline Lower Urinary Tract Disease，FLUTD）"，这也是现在较常用的名词。后来也有少部分地区以"猫自发性膀胱炎（Feline Idiopathic Cystitis，FIC）"一词作为这种疾病的代称，原因是在猫下泌尿道疾病的病例中，超过半数的猫都是自发性膀胱炎患者。

猫下泌尿道疾病的原因

1. 过重、肥胖：公猫很容易患这一疾病，可能与泌尿系统结构及活动量少有关。公猫尿道窄且细长，如果发生尿道阻塞，会导致排尿困难，甚至几天无法排尿，很容易因此引发急性肾衰竭而危及生命。
2. 饮水量不足：饮水量不足会让尿液浓度变高，增加结石形成的概率。
3. 压力：宠物猫对于生活环境很敏感，很容易被外在环境影响，大至家中重新翻修，小至换了新的猫砂，它们都有可能产生压力。
4. 饮食及营养：摄入的食物可能影响尿液的pH值，假如摄入的食物中含有过多的钙、磷、镁，容易在尿液中形成结晶，进而增加形成草酸钙与磷酸铵镁结晶的风险。

此外，任何年纪的猫都可能罹患下泌尿道疾病，只是患病的风险会随着年龄增长而增加。

猫下泌尿道疾病症状不会只有一种，以下是常见的几种症状。

❶ 尿频：频繁有排尿行为，但尿量不多甚至没尿。

❷ 乱尿/到处滴尿：表现为无法控制地排尿，比如反常地在猫砂盆以外的地方排尿。

❸ 排尿困难：表现为排尿时会痛苦地叫，或者因为疼痛而改变排尿姿势。

❹ 有血尿。

还有一些不典型的症状，如腹痛、易恼怒、食欲不振等。

确诊尿路结石怎么办

宠物猫尿路结石的类型主要是磷酸铵镁结石（鸟粪石）与草酸钙结石，两种结石的成因、风险因素和治疗方案不同。磷酸铵镁结石容易在碱性尿液中形成，膳食中磷和镁摄入过量是主要诱因；一般而言，磷酸铵镁结石有一定概率被溶解，非手术治疗方案有望治愈。而草酸钙结石容易在酸性尿液中形成，膳食中钙摄入过量是主要诱因；草酸钙结石难以溶解，手术治疗方案治愈的可能性最大。

因此，开始治疗之前，通过医疗手段预测结石类型很重要。当预测为磷酸铵镁结石时，可以提供处方粮以实现酸化尿液、控制镁离子的目的。一般而言，绝大多数在接受处方粮治疗30天内，磷酸铵镁结石即可溶解，最长不会超过56天。待结石溶出后，需要换回普通的、镁磷含量适宜的、营养全面且均衡的猫粮，不建议长期严格限制镁、磷的摄入量，因为酸化尿液时间过长，会增加草酸钙结石的发生风险。

尿路结石有反复发作的特点，因此，在医学治疗之外，需要依赖日常饮食和生活方式改善达到预防和缓解的目的。

宠物营养师建议

① 猫粮和搭配合理的自制粮都能为猫咪提供足够的营养，宠物主人可以根据自己的作息与猫咪的接受度给猫咪喂食。

② 保证饮水量充足至关重要。猫咪对口渴不敏感，它们天生不爱饮水，所以宠物主人需要刻意诱导猫咪多喝水，增加排尿量和排尿频次。日常可为猫咪提供含水量高（湿度70%～80%）的湿粮、罐头；可以在水碗里加一些罐头的汤汁或者少量猫咪平时喜欢吃的食物，诱导猫咪舔食。

③ 根据猫咪的体重，提供足量的能量与蛋白质。应该选择高质量的蛋白质来源，以减轻肾脏负担，比如鸡蛋、奶制品、瘦肉、鱼虾、大豆制品。低质量蛋白质食物或配方中的蛋白质完全来源于植物性食物，消化和利用率不高，应避免选择。

④ 膳食中的脂肪最好都来源于健康的植物油类，动物油的主要成分是饱和脂肪酸，对肾脏不利，应严格加以限制。与此同时，可以积极为猫咪补充鱼油，以增加$\omega-3$脂肪酸的摄入量。

⑤ 膳食模式应该选择少吃多餐型，每天可定时定量提供3～4餐。

⑥ 不建议以任何原因长期严格限制镁、磷的摄入量；也不建议长期喂食治疗期所使用的处方粮。保证镁、磷、钙的日常摄入量适宜且不过量即可。

⑦ 在膳食中加入磷酸盐螯合剂，以降低磷的消化吸收率，并定期检测血磷水平。血磷水平正常时，可给予钙和维生素D补充剂，钙的推荐剂量为：碳酸钙100毫克/千克体重。血磷水平异常时，应暂停给予钙和维生素D补充剂。

⑧ 确保猫咪的膳食中富含膳食纤维，尤其是在肠道中发酵率高的可溶性膳食纤维。膳食纤维能阻止有害的代谢产物进入血液而被运输至肾脏，让它们从大肠排出体外，从而减轻肾脏负担。

⑨ 可适当控制钠的摄入量，避免钾摄入不足。当血钾偏低时，可口服葡萄糖酸钾或柠檬酸钾进行补充。

⑩ 当猫咪食欲不振、进食量少时，可适当给猫咪补充维生素补充剂，避免微量营养素摄入不足。当猫咪尿频、尿多时，应注意给猫咪补充水溶性维生素，如B族维生素和维生素C。

宠物猫对口渴不敏感，喝水少，肾脏负担大，容易引发尿路结石。

肾脏是排泄代谢物的主要器官，通过促进代谢物排出，缓解肾脏炎症和氧化损伤，有助于维持肾脏整体健康。

二、宠物犬的泌尿系统感染和尿路结石

常见的宠物犬泌尿系统问题有两种：泌尿系统感染和尿路结石。泌尿系统感染最常见的原因是细菌感染，细菌经由尿道到达膀胱引起炎症，除了发炎引起不适，也可能诱发尿路结石。

当尿液中的矿物质含量太高时，矿物质逐渐累积并形成结晶的概率会更大，尿路结石就这样出现了。与宠物猫一样，宠物犬尿路结石的类型主要是磷酸铵镁结石（鸟粪石）与草酸钙结石，前者好发于青中年、绝育的公犬，后者好发于青年母犬。尿路结石可能让宠物犬排尿时觉得很痛，严重时尿路结石可能会堵住尿道，引发尿闭。与宠物猫不同的是，宠物犬磷酸铵镁结石总是会伴随尿道感染，需要结合抗生素治疗。因此，一旦察觉宠物犬出现以下症状，尤其是排尿异常，要及时将宠物犬送往医院接受检查和治疗。

❶ 乱尿：开始在不寻常的地方排尿。
❷ 尿量变少：每次排尿的尿量变少，甚至没尿。
❸ 尿液有变化：尿液颜色变深、变混浊，或者尿的味道变浓。
❹ 排尿次数变多：因为难以顺利排尿，所以宠物犬会一直试着排尿。

⑤ 弓背排尿：因为排尿会感觉到疼痛，所以宠物犬排尿时会做出弓背等疼痛时会做出的动作。

⑥ 一直舔排尿的地方：因为尿道会感到不舒服，所以宠物犬会一直舔排尿的地方，希望缓解不适。

宠物犬常见泌尿问题成因

① 饮水量不足：饮水量不足会导致尿液浓度上升，除了伤害膀胱和尿道，也会让宠物犬新陈代谢、皮毛健康等受到影响。

② 憋尿：宠物犬有一定的排尿习惯，如果长时间没有排尿，毒素一直无法顺利排出体外，会导致尿液浓缩，使得尿液中的矿物质结晶形成结石，也容易对泌尿道和膀胱造成伤害。

③ 细菌感染：环境中的细菌也可能造成感染，环境中的细菌可能会经由尿道进入膀胱，持续繁殖引发炎症。

④ 饮食成分不合理：如果宠物犬的日常饮食含有太多的钙、磷、镁，就可能会增加尿液中形成结晶的概率。

宠物犬患尿路结石怎么办

如果出现可疑症状，要先带宠物犬就医，通过医学手段治疗尿路结石。治疗期通常会采用特殊配方粮溶解磷酸铵镁结石，结石完全溶解后，不应该继续沿用特殊配方粮，而应该换回镁、磷、钙含量适宜，营养全面、均衡的普通犬粮。

同时，应对饮食模式和生活方式进行优化，保证饮水量充足、保证膳食中优质蛋白质摄入量充足、提高身体活动水平、增加排尿频率等，预防尿路结石反复发作。

通过合理安排饮食、优化生活方式，可以有效预防宠物犬泌尿系统疾病的发作、复发和发展。

① 保证饮水量充足。饮水量充足是预防和缓解尿路结石、泌尿系统感染等疾病的关键，通过稀释尿液、降低尿比重、增加排尿量和排尿频率、减少尿路结石成分的蓄积、排出引起感染的致病原等途径实现。7岁内成年犬每日的饮水量应该达到50~60毫升/千克体重，7岁以上中老年犬每日的饮水量则应达到100毫升/千克体重。

> 举个例子，对于一只5千克的成年犬来说，每天饮水量应达到250~300毫升。如果宠物犬不爱喝水，可以在水碗中添加少量宠物犬爱吃的食物或一点肉汤、罐头液体等，诱导宠物犬饮水；也可使用喂水专用针管，主动为宠物犬喂水。

② 选用高质量的湿粮。湿粮的水分达到70%以上，可有效降低尿比重。在选择犬粮时，要注意钙、磷、镁含量适宜且不过量，不建议长期严格限制这些矿物质的摄入。同时，应保证犬粮中的蛋白质含量充足，且主要来自动物类食物。

③ 提供舒适放松、干净卫生的居住环境。宠物犬的居住环境与宠物犬是否能够放松地排尿有关，不憋尿有利于膀胱健康。同时，保持整洁干净的环境，可以避免宠物犬因细菌感染而出现泌尿系统问题。

④ 增加宠物犬的活动量。每天带宠物犬出门2~3次，在家多与宠物犬玩耍，可增加宠物犬活动量，让宠物犬感到口渴，从而增加饮水量。

第六节　口腔健康与饮食

宠物猫犬最常见的口腔问题有3个：口臭、牙龈炎、牙周炎。口腔疾病发病率很高，可以在猫犬全生命阶段发生，发生率与年龄呈现明显正相关，也就是说随着猫犬年龄的增加，口腔疾病的发病率也相应增加。

对于宠物犬来说，口腔问题的风险因素有：年龄、品种、性别、绝育与否。最容易出现口腔问题的品种有玩具贵宾犬、查理王小猎犬、灰狗、拉萨犬、约克夏、可卡布犬、吉娃娃等。口腔问题的发生率随年龄增加而增加，以2～4岁口腔问题发生风险作为参照，幼犬口腔问题的发生风险仅为其6%，1～2岁成犬口腔问题的发生风险仅为其30%，而4～8岁成犬口腔问题的发生风险是其2～3倍，8岁以上老年犬口腔问题的发生风险是其3～4倍。

对于宠物猫来说，以3岁以下口腔问题发生风险为参照，3～6岁成猫口腔问题的发生风险是其3倍，6～9岁成猫口腔问题的发生风险接近5倍，9～12岁成猫口腔问题的发生风险接近7倍，12～15岁成猫口腔问题的发生风险接近7.5倍，15岁以上成猫口腔问题的发生风险接近8倍。

口腔问题一直是严重且容易被忽视的问题，它从最轻微的口腔异味、轻微发炎开始，逐步发展为牙周炎，进一步诱发更严重的问题，比如牙槽骨吸收、下颌骨折等，严重影响宠物的日常生活和健康寿命。

患口腔疾病的最主要原因是宠物主人长期不为猫犬进行口腔清洁，使细菌在猫犬口腔内大量滋生，代谢产生一系列对牙齿和其他组织有破坏性的物质。

口臭

口臭通常为口腔问题的首要临床症状，在其他口腔问题表现出来之前，就能够直观地感知到，可以作为口腔问题的先兆。宠物猫犬进食后，会在牙齿间隙留下食物残渣，食物残渣中的蛋白质混合唾液等成分，十分有利于一些细菌的增殖。细菌增殖、代谢会产生有臭味的成分。

牙龈红肿、牙龈敏感、牙龈出血、牙齿松动与脱落、疼痛、咀嚼与进食困难

宠物出现口臭就提醒宠物主人，需要对宠物的口腔进行清洁了。如果放任不管，一段时间以后，就会发展为牙龈炎，表现出口臭、牙龈红肿。这是因为细菌会让牙齿表面出现牙菌斑，一开始，牙菌斑仅仅聚集在牙齿表面，慢慢地，会往牙龈包裹的牙齿区域发展。牙菌斑会逐步堆积、变硬、变厚，形成牙结石。牙结石一旦形成，就无法用普通的清洁方式去除，牙结石还会破坏牙龈组织，引起炎症。如果继续放任不管，牙龈炎会升级为牙周炎，不仅影响牙龈和牙齿，还会累及牙床、牙周韧带以及牙槽骨。

在这种情况下，除了口臭，宠物还会表现出牙龈敏感、牙龈出血、牙齿脱落。牙龈炎和牙周炎还可能引发难以忍受的疼痛，使宠物出现进食困难、咀嚼困难、牙槽骨骨折等症状。

口腔问题预防大于治疗

做好牙齿和口腔清洁，可以预防严重的口腔问题。从宠物猫犬长乳牙开始，宠物主人就要有意识地坚持为它们清洁牙齿，每日使用宠物专用牙膏进行刷牙、提供洁牙零食、给予酵素口内膏、提供各种各样的咀嚼玩具或工具，这样能有效去除牙菌斑，预防牙结石。

如果牙结石已经开始堆积，宠物主人应该及时将宠物送往医院，通过医疗手段进行洗牙。

宠物营养师的喂养建议

宠物主人应该尽可能为宠物猫犬提供干粮，也可以干粮和湿粮混合喂食，最好不要只提供湿粮。研究表明，相较于干粮喂养，完全采用湿粮或自制软粮喂养的宠物猫犬，更容易出现口腔问题；经常给予宠物含水量高、质地软的罐头，可能会让已经存在的口腔疾病进一步恶化。背后的原因可能是吃干粮的宠物更有机会咀嚼质地硬的东西，这个过程在一定程度上能够帮助它们去除牙菌斑。

需要强调的是，即便只喂食干粮，如果不注意日常口腔清洁，牙菌斑依然会附着在牙齿上，宠物依然会出现口腔问题。

应该积极为宠物提供形状大、质地硬的零食，比如洁牙骨、磨牙饼干、咬胶、洁牙棒等，增加它们咀嚼的频率，帮助彻底地摩擦牙齿表面。

第七节 关节健康问题

关节炎和退行性关节病在宠物猫犬中非常常见，发病率及严重程度随年龄增加而增加。据统计，每5只成年犬就有一只深受关节炎的影响，九成5岁以上的宠物犬可能受关节炎困扰；6岁以上宠物猫退行性关节病的发病率高达61%。

关节疾病的发病与猫犬的年龄有关系，年龄越大，发病风险和发病率也越高。对于宠物猫来说，退行性关节病可能继发于其他健康问题，比如维生素A摄入过量、关节炎、髋关节发育不良等；同时，超重与肥胖是重要的诱发因素。

宠物犬关节炎最典型的症状是疼痛、跛行、活动受限。

宠物猫退行性关节病的症状相对隐秘，不如宠物犬关节病表现得明显，典型症状主要有瘸腿、跛行、舔毛行为减少、互动性降低、跳跃困难以及爬高困难。

宠物猫犬关节疾病的管理目标主要有2个。

1 疼痛管理。超重和肥胖会给患病宠物的关节带来更加沉重的负担，不仅会加重病情，还会引发难以忍受的疼痛。服用止痛药，治标不治本，而且长期使用还会对肝肾功能造成损害。因此，应积极引导宠物减重，研究表明，减去基础体重的6%～8%对缓解关节炎疼痛具有显著效果。

2 延缓病程。保证蛋白质、ω-3脂肪酸等营养素的摄入，补充透明质酸、葡萄糖胺、硫酸软骨素等物质，对骨骼和关节的代谢有帮助。

宠物猫犬的关节健康与营养密切相关，良好的营养支持不仅可以预防宠物出现关节问题，还可以缓解高龄宠物的退行性关节病症状，减轻疼痛。

宠物营养师建议

1 低能量饮食：对于肥胖的宠物，减轻体重可以减轻关节负担。选择低能量、高膳食纤维的食物，确保宠物维持健康体重。

2 补充葡萄糖胺、软骨素和非变性Ⅱ型胶原蛋白：这些是常见的关节保健补充剂，可以帮助维持关节软骨和关节润滑液的健康。

3 提供充足的不饱和脂肪酸：提供富含$\omega-3$脂肪酸、$\omega-6$脂肪酸的食物或添加相关补充剂。这些脂肪酸有助于减轻关节炎症，促进关节健康。

4 提供充足的维生素及矿物质：提供富含抗氧化物质维生素A、维生素C、维生素E的食物，有助于抵抗炎症，延缓关节退化。提供充足的钙、维生素D和维生素K_2，对于骨骼和关节的健康至关重要。

5 提供优质蛋白质：提供足够的优质蛋白质有助于维持肌肉质量和关节稳定性。

6 适度运动：适度运动对于维持关节灵活性和肌肉质量很重要。根据宠物的状况提供适当的运动机会。

除此以外，宠物的居家环境也需要改良。应该适当提高饭碗、水碗的高度，减轻猫犬进食时弯曲颈部的程度；提供温床，避免低温对关节带来刺激。宠物猫居住的家庭应改造空间结构，让通往高处更容易；将猫砂盆放在方便出入的位置。

第八节 血糖问题

血糖值长期处于高水平会对宠物的多个器官造成损害，如果宠物出现了血糖异常的情况，需要及时进行关注与干预。

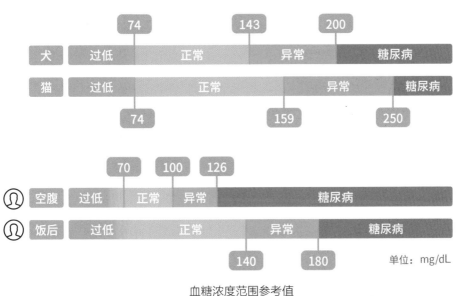

血糖浓度范围参考值

糖尿病的症状有哪些

变得爱喝水，且排尿量增加、乱排尿。

宠物的身体想用排尿的方式排出体内过多的糖分，但尿得越多，越容易感到口渴，进而形成恶性循环。

> **食欲变好，体重却持续减轻。**
>
> 宠物体内的胰岛素功能无法正常发挥，无法将食物有效地转换成能量，细胞无法得到能量供应，因此宠物容易饥饿，但不管怎么吃，都很难有饱足感。

随着病情持续加重，宠物的活动力会逐渐下降，精神状况变差，甚至丧失食欲。疾病晚期甚至会出现全身性问题，心血管问题、视力问题、神经问题、肝肾问题等都可能出现。糖尿病还可能引起酮症酸中毒，出现呼吸急促、脱水、呕吐、昏迷等症状。

一、宠物猫的血糖控制——控制饮食

宠物猫更容易患2型糖尿病，所以营养管理的目标是通过联合饮食干预与药物治疗，让宠物猫的血糖保持在正常水平，也就是<117mg/dL（毫克/分升）或<6.5mmol/L（毫摩/升）；对于难控型糖尿病，可适当放宽限度，血糖控制目标在117~180mg/dL或6.5~10mmol/L。

提供低碳水化合物、高蛋白的猫粮，定时定量喂食，从而减轻胰岛的负担，控制餐后血糖波动。另外，宠物主人需要积极监测宠物猫的空腹血糖、餐后1小时血糖以及餐后2小时血糖，并据此调整胰岛素给药量、膳食频率以及喂食量，一方面要避免血糖控制不佳，另一方面要防止低血糖（血糖<63mg/dL或<3.5mmol/L）的不良反应。

提倡少量多次提供猫粮，如果条件不允许，每天应该至少提供2次饮食。不提倡自由进食。宠物主人应尽量让宠物猫每餐摄入量保持平均水平，以控制每餐碳水化合物的摄入量，这样可以帮助其维持血糖稳定。

如果宠物猫存在超重和肥胖的问题，应积极提供高蛋白、高膳食纤维、低能量膳食，定时定量喂食，严控零食摄入，帮助宠物猫达到并维持健康体重，以此应对胰岛素抵抗等与肥胖相关的内分泌问题。可以喂食含水量高的主食，以此增加宠物猫的饱腹感，这样不需要饿肚子就能降低能量摄入。

对于有吃零食习惯的宠物猫，宠物主人应避免选择高碳水化合物零食，应选择低碳水化合物的品种，并且将摄入的零食的能量控制在每日食物总能量的10%以下。

二、宠物犬的血糖控制——胰岛素治疗

宠物犬更容易患1型糖尿病，所以主要依赖胰岛素治疗控制血糖。在胰岛素治疗期间，如无其他特殊疾病，饮食安排可以照旧，也可以选择稍微限制碳水化合物的犬粮。若同时存在胰腺炎、血脂异常，则应限制膳食脂肪摄入。

第九节　肝脏健康问题

　　脂肪肝是一种常见家养宠物疾病，各年龄段的宠物猫犬都有可能患脂肪肝。值得注意的是，宠物猫罹患脂肪肝的风险更高。

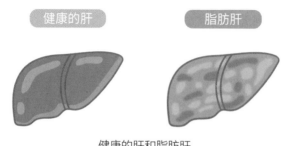

健康的肝和脂肪肝

以下是引起脂肪肝的主要原因。

1 | 脂肪组织过度囤积，导致宠物猫犬过于肥胖。

2 | 长期摄入高脂肪、高能量、低蛋白的食物。

3 | 胆碱缺乏（胆碱有促进脂肪代谢和降低血清胆固醇水平的作用）。

4 | 内分泌失调，尤其是垂体、肾上腺激素及胰岛素分泌不足引起糖代谢紊乱。

胆碱缺乏症

宠物猫犬的胆碱缺乏症是宠物体内缺少胆碱导致的营养代谢类疾病。

胆碱也被称为维生素B_4，属于抗脂肪肝维生素，它能促进氨基酸的再生合成，防止肝脂肪变性，胆碱还是胆碱能神经传递冲动所必需的。

胆碱的自然来源是动物性饲料鱼粉、肉骨粉、青绿饲料和饼粕等。日常饮食中胆碱含量不足是造成宠物胆碱缺乏症的主要病因，日常饮食中烟酸含量过高或锰缺乏都可能导致胆碱缺乏症。

患胆碱缺乏症的猫犬的主要症状有生长发育受阻，消化不良，肾脂肪变性，患脂肪肝，肝功能下降，患低白蛋白血症，肾脏、眼球及其他器官出血，繁殖力下降，有运动障碍。

猫更容易罹患脂肪肝。原因在于，猫更容易因为多种因素（如换新环境、受到惊吓、家中有新成员等）导致长时间不进食。猫在长期不吃东西的状态下，肝脏会代谢体内脂肪，将之转化为可用能量以维持生理功能，但此时脂肪堆积在肝细胞的速度超过代谢转化的速度，造成脂肪大量沉积在肝细胞内，引起脂肪肝。

日常如何判断宠物患上了脂肪肝

宠物主人日常应多关注以下情况，如果宠物出现以下症状，就有可能患上了脂肪肝，要及时咨询宠物营养师或就医。

①身体状况

1 食欲不振：宠物开始远离食物碗，体重也开始下降，食欲不振持续一段时间不见好转。

2 黄疸：眼睛、耳朵、皮肤、牙龈颜色偏黄。

3 消化不良：可能会出现呕吐、腹泻、便秘或腹痛等肠胃症状。

4 严重时可能会痉挛、神志不清、流口水。

②行为改变

1 精神抑郁：虚弱、昏昏欲睡，活动量明显下降。

2 躲藏。

3 头颈部向下弯曲，无精打采。

脂肪肝是可以通过积极的营养干预和医学治疗改善的。肝脏需要持续、稳定的营养支持才能让过多的脂肪组织被消耗掉，使肝脏逐步恢复正常功能。而中重度脂肪肝则要在兽医指导下配合药物治疗，直到宠物食欲恢复正常，疗程平均需要6～7周。

改善脂肪肝，就要调整喂食方式。

❶ 定时定量喂食。
❷ 选择高蛋白、低脂肪、低能量的主粮。
❸ 适当补充胆碱（一般全价主粮都有充足的胆碱）。
❹ 增加运动量，从而减少体脂率，达到理想体重。

第四章

宠物营养需求与科学喂养

第一节　宠物营养宝塔

一、定义

宠物营养宝塔是基于猫犬营养素需求，结合其食物形态、喂养方式，创造出的营养素比例图形，能够科学、直观地体现能满足猫犬生长发育需求、维持代谢、促进健康的营养素种类数量比，提倡全面均衡营养的理念。

二、图示

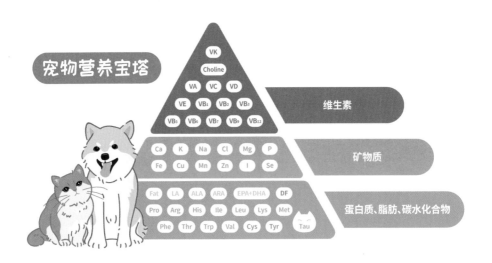

宝塔分为三层，底层为三大供能营养素：蛋白质（Pro）、脂肪（Fat）、碳水化合物，主要功能是提供身体代谢所需能量，维持生长发育。

①10种必需氨基酸：精氨酸（Arginine）、组氨酸（Histidine）、异亮氨酸（Isoleucine）、亮氨酸（Leucine）、赖氨酸（Lysine）、蛋氨酸（Methionine）、苯

丙氨酸（Phenylalanine）、苏氨酸（Threonine）、色氨酸（Tryptophan）、缬氨酸（Valine）。猫还额外需要1种必需氨基酸：牛磺酸（Taurine）。

②2种半必需氨基酸：半胱氨酸（Cysteine）、酪氨酸（Tyrosine）。

③2种必需脂肪酸：亚油酸（LA）和 α-亚麻酸（ALA），及其衍生物花生四烯酸（ARA）、二十碳五烯酸（EPA）、二十二碳六烯酸（DHA）。

④膳食纤维（DF）。

中间一层是12种矿物质：钙（Ca）、磷（P）、钾（K）、钠（Na）、氯（Cl）、镁（Mg）、铁（Fe）、铜（Cu）、锰（Mn）、锌（Zn）、碘（I）、硒（Se）。

最上层是14种维生素：维生素A、维生素C、维生素D、维生素E、维生素K、维生素B_1、维生素B_2、泛酸（维生素B_5）、烟酸（维生素B_3）、维生素B_6、叶酸（维生素B_9）、生物素（维生素B_7）、维生素B_{12}、胆碱（Choline）。

维生素和矿物质的主要功能是维持机体代谢、促进组织生长、维持免疫力等。

现代家庭喂养宠物一般选用宠物专用食品，全面均衡的营养素配比能够促进宠物全生命周期的健康，宠物营养宝塔可以为科学喂养、全面均衡营养提供指导。

三、营养素的协同作用

营养素组合的协同作用对促进宠物身体健康非常重要，主要体现在以下几个方面。

1 全面满足生理需求：宠物的身体需要多种营养素来维持正常的生理功能，包括蛋白质、脂肪、碳水化合物、维生素和矿物质等。通过提供多种营养素，可以全面、均衡地满足宠物身体各个方面的生理需求。

2 促进营养素吸收：营养素之间存在协同作用，有助于提高吸收效率。例如，维生素D和钙之间的协同作用有助于骨骼健康，不同氨基酸的协同作用有助于优化肌肉组织的合成。

3 增强免疫系统的功能：不同的营养素对于宠物的免疫系统有不同的支持作用。协同作用可以增强免疫系统的功能，提高对疾病的抵抗能力。

4 调节能量平衡：蛋白质、脂肪和碳水化合物等营养素参与能量的产生和利用。它们之间的协同作用有助于维持宠物的能量平衡，确保足够的能量供应，维持正常的生理功能。

5 促进消化和吸收：不同营养素的组合可以促进食物的消化和吸收。例如，膳食纤维有助于肠道健康，与其他营养素的协同作用可以提高整体的消化效率。

6 预防和缓解疾病：营养素组合的协同作用有助于维持宠物身体的健康状态，预防和缓解一些疾病。例如，特定的维生素和矿物质组合对于皮肤、毛发和关节的健康都至关重要。

总体而言，通过提供多种营养素并使它们相互协同工作，可以全面、有效地促进宠物身体各个方面的健康。选择营养全面均衡的宠物食品，可以确保宠物获得充足而全面的营养。

四、常见食材的营养价值

常见食材的营养成分

食材	主要营养素	作用
鸡肉、鸭肉、牛肉	蛋白质	提供优质蛋白质；强健肌肉，促进各阶段生长和健康
鸡肉粉、鸭肉粉、猪肉粉、鱼粉	蛋白质	提供优质蛋白质，含必需氨基酸和矿物质；强健肌肉、骨骼系统
三文鱼（干）	蛋白质	提供优质蛋白质；强健肌肉，促进各阶段生长和健康

食材	主要营养素	作用
三文鱼（鲜）	蛋白质，ω-3脂肪酸	提供优质蛋白质、ω-3脂肪酸；有助于各阶段生长和健康
金枪鱼	蛋白质	提供优质蛋白质；促进各阶段生长和健康
蛋粉	蛋白质	高蛋白，富含必需氨基酸和氨基葡萄糖；促进生长和免疫系统健康，有助于关节健康
鸡肝	蛋白质，维生素A，铁	富含蛋白质、维生素A、铁；增强抵抗力，增加营养
鸡油	脂肪	提供能量
鱼油	脂肪，ω-3脂肪酸	促进DHA合成，促进皮肤和毛发健康，有助于视力健康和大脑发育
大豆油	脂肪，ω-6脂肪酸	提供能量，维持皮毛健康
大米	碳水化合物	提供能量
燕麦	碳水化合物，蛋白质，膳食纤维	提供能量、蛋白质和膳食纤维，帮助消化，强健肌肉
甜菜粕	碳水化合物，膳食纤维	富含膳食纤维，维护肠道健康
菠菜	维生素C、维生素E、维生素K、类胡萝卜素	营养丰富，补充各种营养素
水	水	湿粮加工必不可少，可做质地稳定剂、黏合剂

常见食材的宏量营养素含量

宏量营养素	食材及含量
蛋白质	鸡胸肉19%，鸡腿肉16%，鸭肉15%，牛肉20%，鱼肉15%～20%（视品种而定）
脂肪	鸭肉20%，鸡胸肉5%（典型的高蛋白、低脂肪肉类），鱼肉1%～4%，深海鱼8%，全鸡蛋13%，鸡蛋黄28%，鸡肝3%，鸡心12%，猪肝5%
碳水化合物	鸭肉、鱼肉、鸡腿几乎不含碳水化合物 鸡胸肉2.5%，全鸡蛋2.8%，鸡蛋黄3.4%，鸡肝3.5%，鸡心0.6%，猪肝5%，玉米20%，玉米面70%，红薯30%，土豆17%，南瓜4.5%，山药11.6%，大米72%，糙米78%，燕麦65%

常见添加剂及作用

添加剂	对应营养素	作用
牛磺酸	牛磺酸	维护猫的视力和心脏健康
DL-蛋氨酸	蛋氨酸	强健肌肉
氯化胆碱	胆碱	维持正常新陈代谢
维生素A乙酸酯	维生素A	有助于皮肤、毛发、视力和免疫系统健康
维生素D$_3$	维生素D	强健骨骼和牙齿
维生素E	维生素E	抗氧化，维持免疫系统、皮肤和毛发健康
亚硫酸氢烟酰胺甲萘醌	维生素K	维护凝血功能
硝酸硫胺	维生素B$_1$	参与碳水化合物代谢
核黄素	维生素B$_2$	参与细胞能量的产生
盐酸吡哆醇	维生素B$_6$	参与蛋白质代谢，促进肌肉、毛发和指甲的发育
氰钴胺	维生素B$_{12}$	参与碳水化合物代谢和血细胞形成
D-生物素	生物素	维护皮肤和毛发健康
叶酸	叶酸	参与氨基酸代谢，维护细胞膜完整性
烟酸胺	烟酸	参与蛋白质、脂肪和碳水化合物代谢
D-泛酸钙	泛酸	参与蛋白质、脂肪和碳水化合物代谢
L-抗坏血酸	维生素C	抗氧化
硫酸亚铁	铁	提供铁元素
硫酸铜	铜	生长发育必不可少，有助于红细胞形成
硫酸锌	锌	维持免疫系统、皮肤和毛发健康
硫酸锰	锰	提供锰元素
碳酸钙	钙	补钙
硫酸镁	镁	提供镁元素
氯化钾	钾	维持神经、肌肉、骨骼系统健康
焦磷酸钠	钠、磷	提供钠、磷元素
氯化钠	钠	维持心血管、肌肉、骨骼系统健康，促进适当的液体摄入
亚硒酸钠	硒	促进生长发育
瓜尔胶	膳食纤维	可溶易消化，可做罐头食品的增稠剂、质地稳定剂
柠檬酸		防腐

第二节 常见营养与喂养问题

一、宠物食品的蛋白质含量越高越好吗

1. 肉类含量、蛋白质含量越高越好吗

宠物消化系统的适应性与其祖先野生动物有所不同。野生动物通常会摄入较高比例的蛋白质，而宠物食品中过高的蛋白质含量可能会超出宠物的实际需求。

从宠物健康角度来看，蛋白质摄入过多可能会导致能量摄入过剩，引发肥胖和一系列代谢问题。蛋白质摄入过多可能增加肾脏负担，因为肾脏需要处理和排出多余的氨基酸代谢产物，这会对宠物的长期健康产生潜在的不利影响。蛋白质摄入过多还可能导致尿液酸化。这可能对一些特定宠物，如患有尿路结石等泌尿系统疾病的动物产生不良影响。酸性尿液可能导致尿路结石形成风险增加，因为某些类型的结石在酸性环境下更容易形成。

从地球可持续发展角度来看，肉类生产对环境造成了不良影响。大规模的畜牧业和肉类加工业对水源的需求量大，会造成水污染。肉类生产需要大量的饲料和土地，这可能导致森林被砍伐，生物多样性遭破坏。减少宠物食品中肉类原料的使用可以降低对环境的负面影响，促进可持续发展。此外，肉类生产涉及动物的养殖、运输和屠宰，减少肉类原料的使用可以减少对动物的需求，从而间接性地保护动物。

2. 什么是优质蛋白质

优质蛋白质是指蛋白质质量较高、含有充足且均衡的氨基酸的蛋白质，畜禽肉、鱼肉都属于优质蛋白质来源。对于许多宠物来说，包括猫和犬在内，优质蛋白质是其生长发育所必需的营养物质。

优质蛋白质对于宠物的肌肉发育和维持肌肉质量至关重要。良好的肌肉质量有助于维持宠物的运动能力和活力。对于幼年宠物，例如幼犬和幼猫，优质蛋白质是促进其正常生长发育的关键。蛋白质是免疫系统的重要组成部分，能够帮助宠物产生抗体和免疫细胞。优质蛋白质有助于维持免疫系统的正常功能，提高对疾病的抵抗力。

优质蛋白质对于宠物的毛发和皮肤健康至关重要。它提供了维持毛发柔顺和皮肤弹性的营养物质。蛋白质在宠物体内也起着维持体重和能量平衡的作用。优质蛋白质有助于提供足够的能量，同时维持身体组织的正常功能。优质蛋白质有助于维护肠道健康，使食物更好地消化。消化功能良好对于宠物的整体健康至关重要。

3. 猫粮的选择

在选择猫粮时，要特别注意蛋白质的比例。干猫粮的蛋白质含量达到26%以上才能符合猫对蛋白质的基本需求。美国宠物食品协会（AAFCO）猫粮营养标准规定，粗蛋白需要占总干重的30%以上，其中动物来源蛋白质应该在70%以上。

猫的膳食蛋白质应选择优质蛋白质。

不同阶段宠物猫每天的蛋白质需求量

阶段	蛋白质需求量
幼猫（幼年期）	6克/千克体重
怀孕母猫	
成猫（成年期）	3克/千克体重

对于对一些蛋白质过敏的猫，可以选择单一动物蛋白来源的宠物食品。宠物食品中所含的动物蛋白种类越多，宠物过敏的风险就越高，选择单一动物蛋白来源的宠物食品可以降低宠物过敏的概率。

4. 犬粮的选择

根据我国的标准以及AAFCO的标准，维持成年犬生理状态的犬粮蛋白质含量不应低于总干重的18%，用于生长期和繁育期的犬粮蛋白质含量不应低于总干重的22.5%。蛋白质广泛存在于动物和植物中，不同食物蛋白质的氨基酸模式不同，氨基酸模式越接近犬的机体，消化、吸收和利用率越高，相应的食物也被视作更有营养价值的食物。肉类、蛋类属于优质蛋白质来源，犬粮中需要添加足量肉类、蛋类食材。虽然植物类食物的蛋白质消化、吸收和利用率相对较低，但合理搭配的犬粮配方能提高植物蛋白的吸收率，使犬粮蛋白质整体消化率在80%以上；另外，植物类食物还有特有的营养价值，比如富含膳食纤维、维生素、矿物质等，与动物类食物互补。

二、碳水化合物是否适合宠物

同为被驯化的哺乳动物，猫和犬在营养需求方面有相似性。但是猫属于肉食性动物，而犬属于杂食性动物，所以它们对于各类营养物质有着不同的需求。

如今犬和猫可以很容易地食用和消化适当加工后的谷物。现代犬类是从野生犬科动物进化而来，遗传研究表明，家养犬获得了更多有助于消化谷物的酶的基因编码。虽然家养猫与它们的祖先一样是肉食性动物，并且需要获取动物组织中天然存在的某些营养物质，但这并不意味着家养猫只能吃肉或者不应该吃谷物。尽管猫消化碳水化合物的代谢途径与其他物种不同，但研究表明，猫消化和利用谷物的效率可以达到90%以上。

宠物食品需要将蛋白质、脂肪、碳水化合物、维生素和矿物质合理搭配。碳水化合物是宠物饮食中的一种重要营养素，为宠物提供能量，并在维持宠物整体健康中发挥一定的作用。碳水化合物在宠物体内被分解成葡萄糖，供给身体细胞进行能量代谢，维持宠物的日常活动和生理功能。

谷类和蔬菜等食物提供了适量的碳水化合物。一些碳水化合物如多糖，对宠物的肠道健康至关重要，它们可以促进肠道蠕动，预防便秘，并维持正常的消化系统功能。

随着现代家庭喂养宠物方式的变化，饮食的平衡性对宠物的整体健康非常重要。碳水化合物与蛋白质、脂肪、维生素和矿物质等一起组成均衡的饮食，全面满足宠物的营养需求。

一些宠物可能因特殊的健康状况如糖尿病等，需要进行特殊的饮食管理。在这些情况下，就需要控制饮食中碳水化合物的含量。

1. 宠物如何消化碳水化合物

宠物猫犬主要通过淀粉酶消化碳水化合物，与人类不同，猫犬没有唾液淀粉酶，主要依赖胰腺分泌淀粉酶。

淀粉酶是一种酶类，主要作用就是分解淀粉，将其转化为可被吸收的糖类。宠物通常无法直接消化淀粉，但通过淀粉酶的作用，淀粉被分解成更小的糖分子，宠物便可以吸收和利用了。

碳水化合物是一种重要的能量来源，而淀粉酶的作用使得宠物能够更有效地利用碳水化合物中的能量。这对于维持宠物的日常活动和生理功能至关重要。

淀粉酶的存在有助于减轻宠物的胃肠道负担。淀粉酶通过分解淀粉，可以促进食物顺利通过肠道，减轻不完全消化的碳水化合物对肠道的负担。

在某些情况下，过量的未消化淀粉可能导致胀气和不适。淀粉酶有助于提高淀粉的消化率，降低未消化淀粉引起的胀气风险。

淀粉酶的补充还有助于宠物更好地适应不同类型的食物。

2．宠物为什么需要摄入膳食纤维

生活在野外的猫犬在捕获猎物后，会吃下猎物的内脏，猎物的胃、肠等内脏中通常留有未消化完的植物，可以为猫犬提供膳食纤维。膳食纤维不能被猫犬消化，也不能提供能量，但是可以促进肠道蠕动，加快消化和排便的速度，缓解便秘。膳食纤维还能促进一些有毒物质的排泄，减轻肝脏的压力。

膳食纤维具有"成团效应"，可以刺激肠蠕动，帮助食物转运，加快食物通过肠道的速度，促进正常排便，并有助于软化粪便；膳食纤维还具有天然的去角质作用，帮助坏死的肠道细胞脱落，刺激肠道细胞更新。

膳食纤维可以增加食物的体积，增强饱腹感，有助于控制宠物的食欲和体重。对于那些容易超重的宠物，适量摄入膳食纤维有助于维持理想体重。

膳食纤维有助于缓慢释放葡萄糖，从而有益于控制宠物的血糖水平，这对于患糖尿病或对血糖敏感的宠物尤为重要。

膳食纤维有助于稳定肠道菌群，促进有益菌的生长，从而很好地维护消化系统功能。肠道健康对于宠物整体健康至关重要。

也有一些研究表明，适量摄入膳食纤维可以降低宠物患上某些慢性疾病的风险，如炎症性肠病等。

三、零脂肪饮食是否适合宠物

宏量营养素中蛋白质、脂肪和碳水化合物都含有能量，并且都能为机体提供能量。其中，脂肪是重要的储能物质，1克脂肪约含有9千卡能量，而1克蛋白质或碳水化合物约含有4千卡能量。在保证营养均衡的前提下，减少脂肪摄入量是控制能量摄入的好办法。但我们也要清楚脂肪作为营养素的重要性，它为身体提供必需脂肪酸，帮助脂溶性维生素的吸收利用，应科学控制脂肪摄入，而非一味地追求"零脂肪"。

四、宠物需要补充维生素吗

1. 什么时候需要额外补充维生素

① 自制宠物食品时可能因为食物种类不多、食物加工和烹饪过程中的高温及时间损耗、缺乏专业的营养知识、食谱营养不够全面等，出现饮食中维生素不均衡的状况，此时往往需要额外补充维生素。

② 幼犬和幼猫在成长过程中需要额外补充维生素，以促进生长发育，增强免疫系统。老年猫犬需要额外补充维生素，以维持生理功能，增强免疫系统。怀孕或哺乳期的母犬和母猫需要额外补充维生素，以促进胎儿健康发育和泌乳。

③ 要改善皮肤和毛发状态时需要额外补充维生素，如维生素A和维生素E对于维护皮肤和毛发的健康非常重要。

④ 有特殊的健康需求时需要额外补充维生素，如有消化问题、吸收不良、患慢性疾病时，可能会增加对特定维生素的需求。

2. 维生素补充得越多越好吗

过量摄入维生素，可能引起中毒。许多宠物猫长期吃高脂肪鱼罐头，使它们更容易缺乏某些维生素，如维生素E。当猫缺乏维生素E时，表现为精神抑郁、厌食，严重时还会引起脾肿大和脂肪炎，但当猫过量摄入维生素E时，会出现出血现象，甚至出血不止。所以应当科学控制维生素的摄入量。如果给成长中的幼猫喂食大量肝脏，会导致维生素A摄入过多，引起骨骼损伤。

宠物犬摄入过多维生素也会导致中毒。犬的肝脏中本来就含有大量的维生素A和维生素D，如果维生素A和维生素D摄入过量，持续储存在肝脏中，则会导致中毒。维生素D摄入过多还会导致肥大性骨营养不良。

五、矿物质对宠物的健康有什么作用

矿物质是机体代谢过程所必需的无机盐，仅占总体重的4%左右。必须从饮食中获取足够的矿物质才能维持生命、保持健康。矿物质在体内具有多种功能，如激活酶催化反应、促进骨骼健康、帮助神经传递和肌肉收缩、作为某些转运蛋白和激素的成分、维持水和电解质平衡等。许多矿物质存在关联性，某些矿物质过量或缺乏会影响其他矿物质的吸收和代谢。膳食中的矿物质含量应与其他成分相匹配，以实现整体膳食平衡。

钙、磷、镁等矿物质不足可能导致骨骼问题，如骨折、骨软化等，影响宠物的运动和生活质量。一些微量元素如锌、硒、铁等对于维持免疫系统正常功能至关重要，摄入不足可能导致免疫系统受损，宠物更容易感染。钠、钾等矿物质对于维持心血管系统正常功能至关重要，摄入不足可能影响心脏健康和血压稳定。

而矿物质摄入过量也有可能引起中毒。过量摄入某些矿物质，如铜、锌等，可能导致中毒，出现消化问题、神经系统问题等；过量摄入钠，可能会增加肾脏负担，对肾功能产生不良影响。

一般来说，营养全面均衡的主粮就可以为猫犬提供充足的营养素，如果有特殊的健康问题，可以通过补充营养补充剂补足缺乏的营养素。

六、盐到底能不能吃

有不少人认为宠物不能吃盐，其实这种认知是错误的。食盐的主要成分是氯化钠，钠和氯都是宠物正常生长和发育所必需的矿物质，不吃盐的危害远远大于吃盐的危害，适当摄入一点盐是十分必要的。猫缺乏钠和氯时会导致心肾功能障碍、反应迟缓等。当食物中钠和氯的含量不足时，犬的食欲会降低，生长会减慢，还会引起掉毛。正规宠物食品中的氯化钠含量是符合相关标准的，不会对宠物健康造成影响。

亚硝酸盐常作为食品发色剂（护色剂）和防腐剂用于肉制品的加工中。虽然亚硝酸盐对动物和人体有很大的毒性，但其毒性与使用剂量相关。我国相关法规规定：对于水分含量≥20%的宠物饲料，亚硝酸盐的最高限量为100毫克/千克（适用于猫犬）；对于水分含量＜14%的宠物配合饲料，亚硝酸盐的最高限量为15毫克/千克。亚硝酸盐剂量符合国家标准的宠物食品是安全的，不能脱离剂量谈毒性。但如果宠物出现亚硝酸盐中毒的症状，应及时送往医院就诊，最大限度保证宠物安全。

七、宠物不爱喝水怎么办

饮水量充足有助于预防宠物泌尿系统疾病、维持肾脏健康。如果宠物不爱喝水，可定期更换水碗中的水，保证水的新鲜度，在家中的不同地点增设水碗，也可以尝试给宠物吃湿粮。

宠物犬的每日建议饮水量

体重	每日饮水量
5千克	300毫升左右
10千克	400~600毫升
20千克	1000~1200毫升
40千克	1800~2400毫升

干湿粮搭配喂养，增加饮水量

猫犬的喂养可采取干湿粮搭配的方式，选择营养全面均衡的干粮和湿粮，参照宠物营养宝塔进行喂养。

为什么要干湿粮搭配喂养

与人类一样，宠物也喜欢一餐的食物有不同的质地和味道，对于挑剔的宠物来说更是如此。干粮的营养全面均衡，但几乎不含水，湿粮则可以让宠物摄入更多水分。干湿粮搭配喂食还有助于保持宠物的体重，因为湿粮水分更多，更容易让宠物产生饱腹感，宠物一餐吃的量就会相对减少，摄入的能量也较少。

如何做到干湿粮搭配

推荐采用"早干晚湿"的科学喂养方式：早上给宠物喂干粮和干净的水，晚上给宠物开一罐新鲜的湿粮罐头。湿粮含有较多的水分，可以为宠物补充水分，而干粮则便于储存且价格较低。混合喂养可以结合二者的优点，确保宠物得到适量的能量，并维持健康体重。

干湿粮搭配喂养有什么益处

实验数据表明，干湿粮搭配喂养有一系列健康益处。

口腔健康：干湿粮搭配喂养可以帮助维护宠物的口腔健康。研究表明，干粮可以刺激宠物多进行咀嚼，促进唾液分泌，从而有助于预防牙周疾病。

消化系统健康：研究发现，加入适量的湿粮可以增加宠物的水分摄入量，有助于预防尿路结石。而干粮则能够提供足量的膳食纤维，促进肠道健康，维持正常的消化功能。

饮食多样化：干湿粮搭配喂养，食物更丰富，质地和味道更多样。这可以增强宠物的食欲，减少宠物的挑食行为，并提供更全面的营养。

控制体重：研究发现，干湿粮搭配喂养可以帮助宠物控制体重。湿粮水分更多，容易让宠物产生饱腹感。

营养均衡：干湿粮搭配喂养可以更好地满足宠物的不同营养需求。干粮营养全面均衡，可以提供大部分宠物所需的营养素，而湿粮可以补充蛋白质、维生素和水分等特定营养素。

尽管干湿粮搭配喂养有不少健康益处，但每只宠物的需求不同。建议宠物主人在选择喂养方式时咨询宠物营养师或兽医，根据宠物的年龄、健康状况和个体喜好选择合适的喂养方式。

八、益生菌对宠物的作用是什么

益生菌是一类有益于宠物肠道健康的微生物。它们对宠物的健康有多种益处。

促进肠道健康：益生菌有助于维持正常的肠道菌群，抑制有害菌的生长，降低宠物肠道感染的风险。

增强免疫系统：肠道是宠物免疫系统的重要组成部分，而益生菌有助于调节免疫系统，增强对疾病的抵抗力。

促进食物消化和吸收：益生菌有助于分解和消化食物，提高养分的吸收率，有助于宠物更好地利用其饮食中的营养物质。

减轻胃肠不适：益生菌可以帮助缓解宠物因应激、饮食变化或使用抗生素而引起的胃肠不适症状，如腹泻或便秘。

改善皮肤和毛发：肠道健康与皮肤健康有关，益生菌有助于改善宠物的皮肤状况和毛发状态。

适当摄取益生菌能够促进宠物肠道健康，不同菌种对肠道健康的影响不同。

除了菌种，还应该关注益生菌的活性，活性较高的益生菌在进入宠物体内后能够更好地存活。这对于其在胃酸等恶劣环境中存活并到达肠道起到关键作用。

益生菌的活性直接影响其对肠道健康的作用。活性较高的益生菌可以更有效地对抗有害菌、调节免疫系统、促进食物消化和营养吸收等，也能更持久地维持肠道健康。

九、麸质过敏是怎么回事

麸质是一个统称，指的是谷物中的一组蛋白质。小麦、大麦和黑麦均属于禾本科小麦族，在这些特殊谷物中发现的谷蛋白含有麦醇溶蛋白，可引发人类谷蛋白过敏症患者的过敏反应。小麦蛋白是高度可消化的蛋白质来源，可改变宠物食品的质地和弹性。

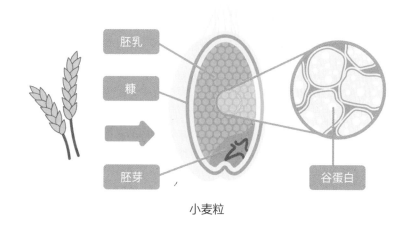

小麦粒

燕麦属于另一个谷物族（燕麦族），尽管燕麦含有一种谷蛋白（燕麦蛋白），但这种蛋白质不会引发过敏反应。对于人类来说，燕麦是否属于无麸质饮食仍有争议。

其他谷物，如玉米、大米、小米和高粱都不含麦醇溶蛋白，通常被称为"无麸质谷物"，对患有谷蛋白过敏症的人群和对小麦蛋白过敏的宠物来说都是安全的。宠物食品中常用到的玉米蛋白粉是玉米的副产品，是富含亮氨酸和蛋氨酸的蛋白质来源，同样也不含麸质。

宠物会对麸质过敏吗

猫犬出现的食物过敏症状很少是由麸质引起的，大多是由之前接触过的相关蛋白质引起的。大多数对食物过敏的宠物都是对牛肉等肉类或奶制品中的动物蛋白过敏，这可能也反映了这些食物成分在宠物食品中的普遍性。谷物麸质的致敏性与其他蛋白质相比并没有显著差异。

麸质过敏在犬中极其罕见，在猫中也尚未发现。目前仅在非常特殊的爱尔兰长毛猎犬族群和博得猎狐犬族群中诊断出一种谷蛋白敏感型肠病。对于这两个特殊品种的犬而言，无麸质饮食是较好的选择，玉米、大米、小米、高粱中均不含麸质。

十、什么是乳糖不耐受

1. 乳糖和乳糖酶

乳糖是一种由葡萄糖和半乳糖组成的双糖。乳糖的吸收需要一种叫作乳糖酶的酶来将其分解。

乳糖酶是一种存在于小肠中的消化酶，它的作用是将乳糖分解为葡萄糖和半乳糖，然后进入血液被身体吸收。

2. 为什么猫犬会发生乳糖不耐受

母乳喂养期的幼猫、幼犬肠道内会有相当数量的乳糖酶用来分解母乳中的乳糖，当猫犬进入离乳期时，体内的乳糖酶会自然地减少。

当猫犬的饮食不再以母乳为主，开始以干粮、湿粮或自制粮为主时，其饮食结构发生了变化，成年猫犬体内的乳糖酶数量和活性都会大大下降。这时候，给猫犬喂食牛奶，就容易发生乳糖不耐受。

3. 乳糖不耐受有哪些表现

如果猫犬小肠内没有足够的乳糖酶，乳糖就无法被分解，而是留在肠道中造成腹胀和腹泻。同时，乳糖也会被肠道中的细菌发酵，产生一些气体和酸，引起胃痛和呕吐。

4．如何避免乳糖不耐受

应避免给成年猫犬喂食牛奶等含乳糖的奶制品，可以选择无乳糖或低乳糖的奶制品。

十一、什么是整体消化率

整体消化率考查各种营养成分在宠物体内消化的能力，如蛋白质、脂肪、碳水化合物、维生素和矿物质等。

No.1

蛋白质消化率

衡量宠物食品中的蛋白质在消化过程中被吸收的程度。优质蛋白质通常更容易被宠物吸收，并用于身体生长、修复和维持其他生理功能。

No.2

脂肪消化率

衡量宠物食品中的脂肪在消化过程中被吸收的程度。脂肪是能量密集的营养物质，对于宠物的能量供应和脂溶性维生素的吸收至关重要。

No.3

碳水化合物消化率

衡量宠物食品中的碳水化合物在消化过程中被吸收的程度。碳水化合物是主要的能量来源，影响宠物的活力和运动能力。

No.4

维生素和矿物质的生物利用率

衡量宠物食品中的维生素和矿物质在消化过程中被吸收的程度。这些微量营养素对于宠物的生理功能和健康至关重要。

高整体消化率的宠物食品通常能够提供更有效的营养支持，确保宠物充分利用其饮食中的营养成分。这也有助于减少食物的浪费，因为更多的营养物质被宠物有效地吸收和利用。选择适合宠物需求的高质量食品，并遵循宠物营养师或兽医的建议，有助于确保宠物获得全面均衡的营养。

第三节　猫犬食物禁忌

一、喂食注意事项

1．不要喂食人类的食物

很多宠物主人在自己吃饭的时候，会忍不住给身边的宠物分享餐桌上的食物，但是人类的食物无法给猫犬提供全面均衡的营养，且油、盐比较重，会对猫犬代谢造成较大负担。如果想要给猫犬喂食人类的食物，应注意以下几点。

① 喂食量不能超过每日总能量的5%～10%。

② 喂食的畜肉、禽肉、鱼都应煮熟，并去除所有骨刺。

③ 严格控制牛奶和奶酪的喂食，成年猫犬往往患有乳糖不耐受。

④ 应避免仅喂食单一的食物。

⑤ 不应用残羹剩饭来弥补营养素摄入不均衡。

⑥ 如果日常喂食营养全面均衡的宠物食品，不需要给宠物额外补充维生素和矿物质，过量摄入维生素和矿物质反而有害健康。

⑦ 宠物主人应注意用餐时宠物乞食和偷走食物的行为。

⑧ 一旦出现体重增加、胃肠道不适或营养失衡的表现，应停止喂食所有额外的食物。

2．不能只喂食纯肉日粮

虽然猫犬祖先的饮食以肉食为主，但是它们捕捉到猎物后，不光吃肉，还会将猎物的内脏和骨骼等吃掉。如果长期只给宠物猫犬喂食纯肉日粮，则容易导致其体内钙磷比例失调，还会使其缺乏各种矿物质和维生素。

尽管野猫、野犬并不吃谷物，但如今的宠物猫犬已经可以很容易地食用和消化适当加工的谷物。遗传研究表明，家养犬具有更多有助于消化谷物的酶的基因编码。尽管猫是肉食动物，消化碳水化合物的代谢途径与犬不同，但猫消化和利用谷物的效率可以达到90%以上。

3. 喂食生骨肉的优缺点

给猫犬选择生骨肉时，要参考它们在自然界中的捕猎情况，选择合适食材进行搭配。生骨肉中肉类占80%，骨骼占10%，肝脏占5%，其他器官和内脏占5%，另外还需要一些额外的营养补充剂。

生骨肉的好处：水分含量较高，比深加工的肉类营养价值更高。

生骨肉的弊端：可能含有寄生虫和较多细菌，甚至可能携带病毒。

日常给猫犬喂食生骨肉时，还需要适当补充牛磺酸、钙、维生素D、维生素E等。

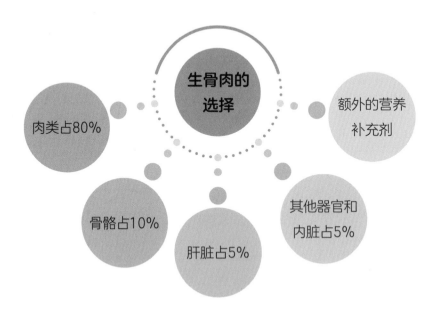

4. 长期吃鱼需要额外补充维生素

鱼类是很好的蛋白质来源，可以给猫犬补充大量的不饱和脂肪酸。

但如果长期给猫犬喂食鱼类为主的日粮，需要额外补充维生素E，因为猫犬对维生素E的需求会根据不饱和脂肪酸摄入量的增加而增加。另外，生鱼中含有一种能破坏维生素B_1的复合物，所以如果经常给猫犬喂食生鱼，需要注意补充维生素B_1。

5. 喂食肝脏要适量

动物肝脏可以给猫犬补充维生素A、铁和铜等，但是进食过量的肝脏会造成慢性维生素A中毒，影响猫犬的骨骼生长和重塑，所以给猫犬喂食肝脏要适量。

二、饮食禁忌

1. 牛奶

牛奶中含有大量的乳糖，它的吸收需要乳糖酶，猫犬肠道中的乳糖酶活性会随着年龄的增加而下降，所以成年猫犬和老年猫犬在进食牛奶之后，更容易出现乳糖不耐受的情况。如果需要给猫犬补充营养，建议选择宠物专用奶。牛初乳例外，它不同于成熟乳，不会引起乳糖不耐受，而且能够提升宠物的整体免疫力和局部免疫力。

零食中添加少量牛奶是可以的，添加少量牛奶的作用是提升零食的适口性，增加宠物的进食乐趣。

2. 生鸡蛋

生鸡蛋中的抗生物素蛋白和胰蛋白酶抑制剂会影响猫犬对生物素的吸收，干扰胰蛋白酶的作用。

3. 咖啡、茶

咖啡中含有的咖啡因对宠物猫犬的中枢神经系统和心血管系统有刺激作用。摄入咖啡因后，宠物猫犬会出现中枢神经兴奋、心率加快、血压升高等症状。这对猫犬的健康非常不利，严重时可能导致中毒、心脏病或死亡。同样地，其他含有咖啡因的饮料如含咖啡因的碳酸饮料、茶也不宜给猫犬喝。

4. 巧克力

巧克力中的可可碱会导致猫犬中毒，使其出现烦躁不安、惊厥、肌肉震颤、呕吐、腹泻等症状。

5. 葱、姜、蒜、韭菜

葱、蒜、韭菜中含有正丙基二硫化物，会导致猫犬出现溶血性贫血，引起呕吐、腹泻、尿液发黄、发热、精神萎靡等症状。姜的刺激性比较大，会麻痹宠物的嗅觉，还可能导致宠物呕吐。

6. 葡萄

葡萄中含有一种特殊的酶，吸收过多会导致猫犬出现高钙血症，从而引起急性肾衰竭，主要表现为精神萎靡、呕吐、腹泻、食欲下降等。

7. 过量盐

猫犬不能代谢过量的盐，一次性进食过多盐会中毒，长时间喂食含盐量高的食物会导致猫犬出现泌尿系统问题。

猫犬的喂养其实并不是一件多么复杂的事情，如果担心宠物吃到不该吃的东西，日常饮食就以宠物粮为主即可。如果宠物出现异常情况，要及时送往医院治疗或者咨询兽医。

第五章

常见宠物食品及宠物食品消费现状

第一节 宠物食品的选择

宠物食品占宠物市场份额的50%以上，是宠物产业中最重要的组成部分。宠物食品一方面提供宠物生存所必需的营养物质，另一方面也附加了人类对于陪伴动物的特殊情感，使得宠物食品的定位介于人类食品和传统的畜禽饲料之间，越来越多的人类食品加工技术和产品形态被应用于宠物食品的研究。

宠物食品并没有任何官方或正式的区分方法，最广泛的分类方式是将宠物食品分为宠物主粮、宠物零食、宠物保健品三大类，还有宠物处方食品等一些小的或新发展的品类。目前，宠物食品逐渐呈现品牌和品种多元化的趋势，针对不同的细分需求，宠物食品正在不断更新换代，其分类也在不断细化。

欧美国家宠物食品行业起步早，在宠物食品管理方面有比较健全的法律法规，且较早开始制定猫犬营养标准。目前，中国常用的三大营养标准包括国标（GB）、美国AAFCO标准（简称"美标"）、欧洲FEDIAF标准（简称"欧标"）。

宠物食品标签怎么看

一般市售的主粮大致分为干粮和湿粮（罐头）。干粮的种类很多，大部分会分为幼年专用粮、成年专用粮和老年专用粮；湿粮多分为主粮罐头和零食罐头。在选择宠物粮的时候，首先要会阅读食品标签，根据食品标签上的标识定时定量喂食。重点关注配料表、产品成分分析保证值、推荐喂食量几个信息，可以帮助宠物主人科学喂养。

1. 配料表

配料表包含主要原料和添加物（主要是维生素、矿物质、膳食纤维、益生菌等），可以帮助宠物主人判断蛋白质来源是否可靠、是否有过敏原等。

配料组成

原料组成:冻鸡肉(16%),鸡肉粉(15%),玉米蛋白粉,小麦,大米,鸡肝水解粉,鸡油,玉米,鱼油,菊糖(1%),矿物质。

添加剂组成:DL-蛋氨酸,L-精氨酸,牛磺酸,氯化胆碱,dl-α-生育酚乙酸酯,维生素A乙酸酯,维生素D3,硝酸硫胺(维生素B1),核黄素(维生素B2),盐酸吡哆醇(维生素B6),氰钴胺(维生素B12),L-抗坏血酸(维生素C),亚硫酸氢烟酰胺甲萘醌,烟酰胺,D-泛酸钙,叶酸,D-生物素,硫酸亚铁,硫酸铜,硫酸锌,硫酸锰,亚硒酸钠,碘酸钙,硫酸镁,硫酸钙,磷酸,氯化钾,焦磷酸钠,氯化钠,β-胡萝卜素,抗氧化剂,凝结芽孢杆菌。

2. 产品成分分析保证值

产品成分分析保证值是保质期内可以检测到的营养素含量,是衡量宠物粮品质的标准之一。对于一些对温度、环境比较敏感,或要求活性的营养物质来说,提供产品成分分析保证值能够更好地确保其营养价值。

产品成分分析保证值
营养丰富看得见

粗蛋白质(至少)	34.0%
粗脂肪(至少)	14.0%
水分(至多)	10.0%
粗灰分(至多)	8.5%
粗纤维(至多)	2.5%
钙(至少)	0.9%
总磷(至少)	0.7%
镁(至多)	0.1%
水溶性氯化物(以Cl-计,至少)	0.6%
维生素D3(至少)	700 IU/kg
维生素A(至少)	10,000 IU/kg
维生素E(至少)	540 IU/kg
维生素C(至少)	70 mg/kg
牛磺酸(至少)	0.1%
ω-3脂肪酸(至少)	0.2%
ω-6脂肪酸(至少)	2.5%
精氨酸(至少)	2.0%
维生素B1(至少)	10 mg/kg
维生素B2(至少)	5 mg/kg
维生素B6(至少)	4 mg/kg
维生素B12(至少)	0.1 mg/kg

3. 推荐喂食量

推荐喂食量通常是根据不同猫犬的体重，确定喂食的粮食克重，以确保猫犬获得充足的营养，相当于营养基准。对于需要控制体重的宠物，可以在满足每日饲喂量的基础上调整喂食量。

成猫的体重（千克）	每日饲喂量（克）
2	30
3	50
4	65
5	80
6	95

上表所列的仅是指导饲喂量，食物摄入量要随着猫的品种、性别、体重、年龄、活动量和环境条件不同而做适当调整。

不同品种、不同年龄、不同生理状态的宠物对营养的需求是不同的。例如，幼年动物需要更多的能量和营养物质来促进生长和发育，老年动物可能需要更多的保护关节和抗氧化的物质。了解宠物的特殊需求是选购合适食品的基础。

选择经过认证的宠物粮，保证产品的安全性。在此基础上，学会阅读食品标签，关注配料表、产品成分分析保证值，确保食品中包含足量的蛋白质、脂肪、碳水化合物、维生素和矿物质。

选择有良好声誉和专业研发团队的品牌是确保食品质量和安全的关键。查找品牌的历史和背景信息，了解其在宠物食品领域的专业性。

第二节 常见宠物食品

一、宠物主粮

宠物主粮就是宠物的主食，比如全价猫粮和犬粮，这类食物通常营养全面均衡，能够满足宠物大部分的营养需求。按照含水量或能量可将宠物粮分为干粮、湿粮和半湿粮。

1. 干粮

干粮是主要的宠物食品，因为它更便于储存和喂食，这类宠物食品包括烘焙颗粒、饼干、干粉和膨化食品等。干粮的含水量一般低于14%，通常采用纸包、塑料袋或纸盒等包装形式，主要由动物蛋白、小麦、玉米、豆类奶酪、干啤酒酵母以及一定数量的维生素和矿物质等均匀混合、膨化干燥而成。干粮水分含量低，可以有效防止变质。

2. 湿粮

湿粮也就是我们熟知的罐头，是当下最受欢迎的宠物食品之一。湿粮一般是水分含量不低于60%的宠物食品。湿粮经过加热处理后，通常采用罐头或经过消毒的口袋包装起来。

市面上主要有两种湿粮：一种具有全面、均衡的营养，可以做主粮使用，也就是"主食罐"；另一种是用肉或肉副产品制成的罐装或软包装产品，也就是常说的"零食罐"，其所含营养无法完全满足宠物日常需要，常用来补充日常膳食或者作为零食使用。

瓜尔胶来源于豆科植物瓜尔豆所产豆荚中的胚乳部分，主要成分是高分子亲水多糖，由半乳糖及甘露糖为基本糖单元连接而成，属于半乳甘露聚糖。

瓜尔胶是目前食品生产中应用最广泛的亲水性胶体之一，瓜尔胶粉一般为白色至浅黄褐色粉末，无任何异味，能溶解于冷水或热水形成胶体溶液，在天然胶中黏度最高。

由于瓜尔胶具有多种物理、生物和化学活性，并且对人和动物相对安全，对环境无污染，它在人类食品和宠物食品中被大量运用，常用作增稠剂、稳定剂、保鲜剂或天然膳食纤维的来源等，通常单独或与其他食用胶一同使用，有助于防止冰晶形成，稳定罐装宠物食品，延长保质期。

3. 半湿粮

半湿粮作为主粮的升级换代产品，采用天然原料和低温湿法工艺，保留了天然原料的自然风味和细胞结合水，含水量14%～60%，营养成分均衡优质，产品柔软疏松而富有弹性，既有良好的适口性，又能大幅减轻宠物的消化负担，实现了宠物粮从饲料级到食品级的进步。

干粮、湿粮、半湿粮优缺点比较

主粮	优点	缺点
干粮	易于储存，饲喂方便，价格较实惠，能量密度更高，摩擦牙齿防止牙菌斑堆积，形状多样	适口性相对较差，水分含量少，易增肥，易导致便秘，营养素利用率低
湿粮	适口性较好，含水量大，饱腹感强，易于消化吸收	容易导致牙结石生成，能量密度比较低，不易保存
半湿粮	以天然禽肉、畜肉、鱼肉和谷物为原料，营养均衡，无安全隐患，自然风味，适口性佳	适口性较湿粮差，工艺也更复杂，不易保存，价格高

二、宠物零食

宠物零食也是介于人类食品与传统畜禽饲料之间的高档动物食品，其主要作用是为宠物提供最基础的生命保证，促进宠物的生长发育和健康，具有营养全面、消化吸收率高、配方科学、饲喂方便以及可预防某些疾病等优点。

宠物犬零食主要分为肉干/肉条、洁齿骨/咬胶/磨牙棒、犬罐头、冻干零食、宠物饮品、香肠、饼干、妙鲜包和奶酪等。宠物猫零食主要分为猫罐头、猫条/妙鲜包、冻干零食、肉干/鱼干、猫薄荷、猫草、宠物饮品、猫布丁、猫奶酪、猫糖等。

三、宠物保健品

宠物保健品是一类具有维护生理和心理健康、辅助治疗疾病等功能的宠物食品。与宠物主食、宠物零食相比，宠物保健品功效更多，如促进宠物肠胃健康、皮毛健康、骨关节健康等，但宠物保健品不能替代药品。现阶段，宠物主人对促进宠物骨关节健康、肠胃健康、皮毛健康等的产品需求较高。

1．营养补充剂

宠物食品除了提供维持宠物正常生长、运动和繁殖所需的能量，还需要为特殊群体宠物补充特定的一种或多种营养物质，如维生素、矿物质、脂肪酸、消化酶、葡萄糖和软骨素等。这类宠物营养补充剂通常由一种或多种营养素组成，已经被证实具有一定的保健作用，经常食用可以有效调理肠胃、促进生理发育、改善大脑功能并降低特定疾病发生的风险。营养补充剂具有一定的个体差异性，以猫和犬为例，二者的消化系统存在着明显差异，猫属于专性食肉动物，犬与人类一样是杂食性动物。猫和犬经过长期自然选择，都具有一些食肉动物的特征，如都缺乏唾液淀粉酶、胃肠道短且无法合成维生素D。不同之处在于犬类消化系统可以合成多种必需营养素，如烟酸、牛磺酸和精氨酸，猫对氨基酸代谢酶调节能力有限，合成牛磺酸的能力不如犬，并且不能将胆汁酸与甘氨酸结合，这导致猫比犬需要更高水平的含硫氨基酸膳食来满足对牛磺酸的需求。此外，猫科动物无法将胡萝卜素转化为视黄醇，因此需要在日常膳食中额外补充维生素A，保证视神经正常运转。

2. 功能属性

对于猫犬来说，功能性食品的功能性成分可以有效地帮助它们。

① 提升免疫力。

② 促进皮毛健康。

③ 提升代谢功能，维护肠道稳态及健康。

④ 提高矿物质的生物利用率。

⑤ 增强其筋骨关节灵活性，降低跳跃等危险活动造成的安全隐患，预防骨质疏松。

⑥ 辅助大脑发育、视力发育等。

⑦ 帮助管理体重。

⑧ 辅助控制血糖、血脂、血压，降低罹患糖尿病、心脏病、肥胖症的风险。

⑨ 降低罹患泌尿系统疾病的风险，缓解泌尿系统疾病带来的痛苦。

⑩ 促进牙齿健康等。

四、宠物处方食品

到目前为止，宠物处方粮有80多年的历史了。20世纪40年代，人们首次利用营养管理理念来治疗病犬，并取得了良好的治疗效果。此后，宠物处方食品逐渐成型。

所谓宠物处方食品，是针对宠物健康问题而进行特殊营养设计的宠物食品，需要在执业兽医师指导下使用，包括全价宠物处方食品和补充性宠物处方食品。临床上常用的处方食品主要有胃肠道疾病处方粮、神经护理处方粮、泌尿道处方粮、肾脏处方粮、减肥减脂处方粮、关节处方粮、皮毛处方粮等。

与宠物主食、宠物零食、宠物保健品相比，宠物处方食品使用得比较少。宠物处方食品主要用于一些身体比较特殊的宠物。比如有的宠物患有糖尿病，日常食物中糖分的含量对它们来说可能偏高，所以需要食用专门的处方粮来控制糖分摄入量。还有一些偏胖的宠物，也可食用专用处方粮来改善肥胖问题。

1. 宠物处方食品的功能

No.1

帮助药物发挥作用

宠物日粮中的某些成分可能会影响用药效果，而处方食品是根据不同疾病的病理特点设计的，可以帮助药物发挥作用。

No.2

减少疾病导致的机体负担

宠物在生病或受伤之后，一般没有食欲，肌肉组织变得松垮，器官功能减退。使用一些处方食品可以减少疾病导致的机体负担，帮助它们早日康复并延长寿命。如患肝病的犬，食用肝病处方食品之后，需要肝脏进行代谢的物质减少了，从而减轻了肝脏的负担，帮助肝脏休养生息。

No.3

减少药物的不良反应

患有心脏病、肝病、糖尿病等疾病的宠物，需要服用大量的药物才能控制疾病的进程，而药物往往会产生一些不良反应。此时使用处方食品进行辅助治疗，可以减少用药量。如患糖尿病的犬，使用含中量或高量膳食纤维的处方食品，可以减少胰岛素的用量，从而减少药物的不良反应。

No.4

缩短治愈时间

临床上对患病宠物进行药物或手术治疗的同时，配合使用处方食品加快康复的病例很多。处方食品可以帮助控制病情，这样兽医才有机会对宠物的身体状况进行综合调整，缩短治愈时间。

控制或延缓复发

某些疾病在治愈后，若饮食调理不当，复发的概率非常高，处方食品能有效地降低复发率，延长复发时间。例如，一些患尿路结石的犬，手术后短期内有可能复发。而根据尿路结石形成原理配制的泌尿道处方食品，可以减少导致结晶的元素，增加使犬尽量多喝水的诱导元素。

2. 使用注意事项

1　处方食品不能单独作为药物来治疗宠物的疾病，它只是在疾病的治疗过程中起到配合宠物康复的作用。虽然处方食品是为配合兽医治疗疾病的需要而推出的宠物食品，但实际上，处方食品并不是药物与食品原料的简单混合，它更注重的是成品的适口性、酸碱性以及营养代谢的需求。所以处方食品不仅是为了治疗疾病，更多的是促进宠物的健康。

2　处方食品仅在一些特定的宠物店和多数宠物医院销售，不能由宠物主人自行购买使用，防止危险发生。比如猫同时患肾病和心脏病，这时就要根据情况由兽医来决定到底是使用辅助治疗肾病的处方食品还是使用辅助治疗心脏病的处方食品，也有可能二者都不使用。

3　处方食品必须在专业兽医师的指导下使用。在使用前，首先要确诊宠物所患疾病，根据需要使用药物疗法或其他疗法；然后充分了解处方食品，选择真正适合宠物的处方食品，这样才能使宠物得到最好的治疗和最佳的营养管理。如犬患了尿路结石，一定要先弄清楚尿路结石的类型，这样才能选择真正适合宠物的处方食品。

4 并不是所有的处方食品都能长期使用。皮肤疾病和胃肠道紊乱处方食品在兽医确定真正病因后，可以让宠物长期使用；绝育处方食品在宠物绝育后也可以长期使用；对于其他种类的处方食品，都需要在兽医的指导下使用，宠物应定期接受检查。

5 在使用处方食品的过程中，宠物主人要严格遵照医嘱并做好细心护理。处方食品虽然不是药物，但也要根据宠物的身体状况确定喂食量。宠物患病后身体虚弱，会严重影响食欲，所以要诱导宠物进食，一次的喂食量不宜过多，必要时可将处方食品加热至体温。注意营养要均衡，以免导致宠物便秘或腹泻。

第三节 宠物食品消费现状

一、全球宠物零售市场概览

最初的宠物食品犬粮于1860年左右在英国诞生；20世纪30年代，罐头猫粮与干的肉制犬粮被引入市场；20世纪50年代，干制膨化型宠物食品快速发展；20世纪60年代开始，宠物食品种类不断增加，宠物食品市场以经营多样化为显著特征。全球宠物市场已逐步成熟，宠物食品行业作为宠物行业的一个重要分支，是宠物市场最大的"蛋糕"，全球宠物食品市场占整个宠物行业的比重逐年增加。

在过去的几年中，全球宠物食品市场平稳持续增长，主要受益于亚太地区和拉丁美洲地区等一些新兴市场的迅速发展。2018～2023年，全球宠物产品零售市场规模以约 9% 的复合增长率持续增长；2020～2022年，精神陪伴需求日益增长，养宠基数迅速扩张；2023年宠物产品零售额增至约1844亿美元。预计未来5年全球宠物市场增长率将有所放缓，2028年全球宠物产品零售额有望增至2165亿美元。

随着人们回归线下工作，2023年全球宠物数量增长率放缓至1%，在美国、英国、中国和巴西等主要宠物市场中，城市化及养宠便利性使得猫和小型犬的拥有率上升，猫拥有率高于犬。

宠物食品仍是规模最大且增长最快的品类，其中犬食品零售额占比近60%，但近三年中猫食品零售额年均增长率（12%）已超过犬食品（11%），猫产业预计将在未来5年为全球宠物产品零售规模的增长做出更大贡献。

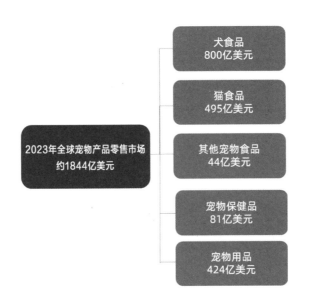

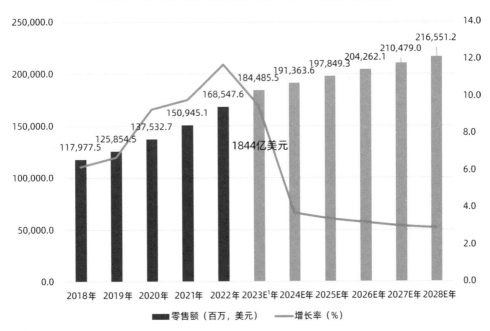

2018—2028年全球宠物产品零售市场规模及预期

数据来源：亚宠研究院

天然原料应用与功能性成分添加成为宠物食品新常态

天然原料应用与功能性成分添加正在成为宠物食品新常态。全球69%的宠物主人将宠物视为重要的家庭成员，尽管价格更高，宠物主人依然会为爱宠选购原料天然、营养丰富、具有一定的保健功能、可达到人类食用等级的宠物食品。

同时，随着宠物主人对宠物喂养的认知不断提高，宠物主人对于针对不同宠物品种、年龄、生活方式和健康状况的宠物食品的功能化需求不断增加。结合该趋势，定制化膳食计划与产品服务不断出现，以满足不同宠物多元需求和偏好。

优质食品市场潜力大

2022年全球农业大宗商品和物流成本急剧上升，在谨慎的消费环境下，高性价比品牌及经济型产品得以受益，但猫犬食品中高端产品仍占据主导地位，尽管面临通货膨胀压力，宠物主人依然优先考虑宠物的健康需求，倾向于购买更加健康、优质的食品，该趋势延续到2023年。

可持续发展重要性逐渐显现

北美、欧洲等发达市场中，92%的宠物主人表示会关注可持续原料的应用，

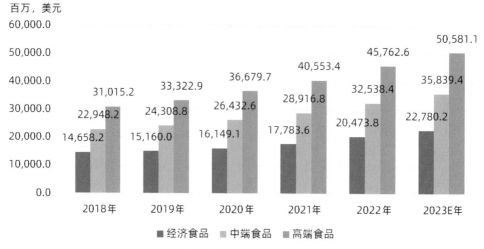

2018—2023年不同消费层级宠物食品零售额变化

数据来源：亚宠研究院

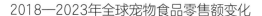
2018—2023年全球宠物食品零售额变化

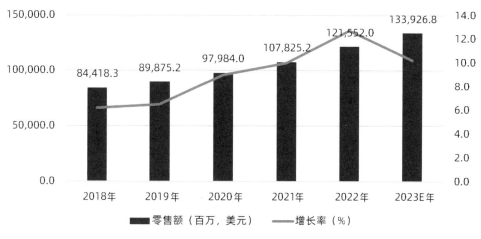

数据来源：亚宠研究院

其对可持续发展的兴趣与认同推动了宠物产品的创新，以及环保包装、绿色加工技术的运用，促进宠物食品的可持续发展。

综上所述，随着宠物猫犬数量不断增加，宠物主人喂养知识不断积累，提供高品质、天然、功能化、符合可持续发展理念的宠物食品是未来宠物食品产业的主要发展方向。

二、中国宠物食品市场现状

1. 与发达国家相比，我国养宠数量仍有较大发展空间

2023年，我国养宠家庭渗透率约为22%，其中养犬家庭渗透率约为17%，养猫家庭渗透率约为15%。对比发达国家（美国养宠家庭渗透率为70%以上，欧洲地区养宠家庭渗透率约为46%），我国养宠家庭渗透率相对较低，未来我国养宠家庭数量尚有较大的发展空间。

养猫家庭渗透率虽然略低于养犬家庭渗透率，但增速高于养犬家庭渗透率，且喂养多只猫的家庭比喂养多只犬的家庭更多，因此猫产业仍是增长大势所在。

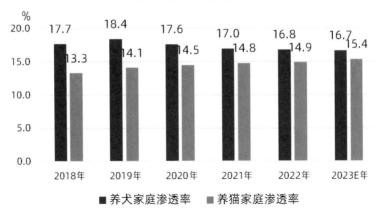

养宠（犬猫）家庭渗透率

数据来源：亚宠研究院

随着养宠数量不断攀升，未来5年，宠物产品零售市场预计将以复合增长率8.7%的速度持续增至1438亿元。与宠物健康息息相关的营养品、保健品预期增长最快，复合增长率预计可达13.8%，猫食品（主粮、零食）紧随其后（11.1%）。此外，宠物用品也将适应人宠共居、携宠出行、"留守萌宠"等不同场景；猫食品市场持续细分、扩张，未来5年复合增长率预计在10%以上。

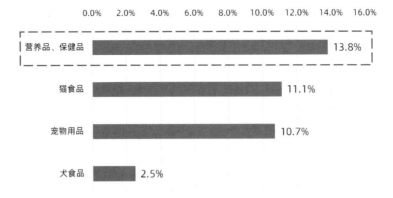

2023—2028年宠物主要细分产品赛道预期增速

2. 养宠趋势

①未来5年养猫数量增速持续高于养犬数量，中短毛猫和小型犬将成为主流

饲养品种。

　　未来5年，猫犬数量预计将从2023年的1.9亿只左右增至2.1亿只左右，其中猫数量将随着养宠偏好的变化超过1.1亿只，中短毛猫是主流饲养品种。

　　受城市大型犬饲养限制的影响，2018～2023年犬数量有所降低，但小型犬数量仍在上升，2028年犬数量预计将缓慢增长至8900万只左右。

2023年养猫宠物主人占比

与2022年相比，增长6%

2023年养犬宠物主人占比

与2022年相比，减少9%

	2018年数量	2023年数量	2028年预期数量	2018—2023年 AAGR	2018—2023年 CAGR	2023—2028年 CAGR
小型犬 9千克以下	4.54千万只	4.78千万只	4.88千万只	+2.1%	+0.6%	+0.8%
中型犬 9～23千克	2.87千万只	2.8千万只	2.86千万只	+1.7%	-0.4%	+0.4%
大型犬 23千克以上	1.53千万只	1.24千万只	1.15千万只	-2.8%	-4.1%	-1.5%

（注：AAGR即年均增长率，CAGR即复合年均增长率）

　　②宠物犬老龄化趋势明显，宠物猫年龄相对偏低。

　　数据显示，2023年，7岁及以上老年犬数量将达到养犬总数的18%。老年犬的各种健康问题出现，如身体功能下降、慢性疾病增多，相关功能性食品、保健品、日用品的需求增长。而宠物猫的年龄则集中在2岁以下，其中超过50%的猫年龄为7个月至2岁，因此幼猫、成猫喂养是主要关注的问题。

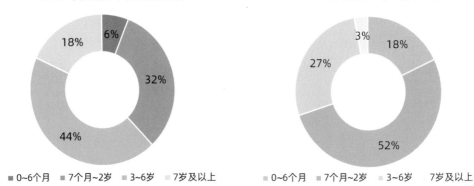

2023年宠物犬年龄段结构

6%
32%
44%
18%

■ 0~6个月 ■ 7个月~2岁 ■ 3~6岁 ■ 7岁及以上

2023年宠物猫年龄段结构

3%
18%
27%
52%

■ 0~6个月 ■ 7个月~2岁 ■ 3~6岁 ■ 7岁及以上

③饲养多只宠物成为主流趋势。

据统计，超过半数的宠物主人饲养多只宠物，受宠物习性的影响，养猫家庭饲养多只宠物的比例高于养犬家庭。对于饲养多只宠物的家庭来说，两只宠物是相对常见的饲养选择。

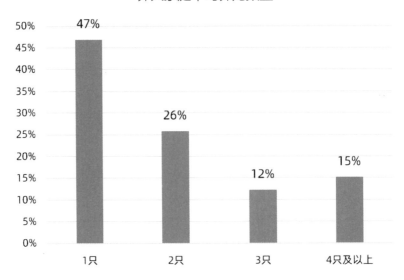

养犬家庭平均养宠数量

	1只	2只	3只	4只及以上
比例	47%	26%	12%	15%

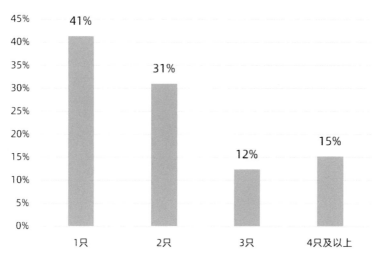

养猫家庭平均养宠数量

数据来源：亚宠研究院2023中国宠物主养宠生活方式调查

3. 养宠人群画像

①养犬人群画像

在所有养犬人士中，80%为女性，其中38.5%年龄在26～30岁；六成以上为本科及以上学历。

同时，81%的犬主人是月收入5000元以上的职场人士，其中42%的犬主人月收入在5001～10000元，职业主要集中在医疗卫生业、宠物行业、制造业、服务业、IT行业等5大行业，由此可见，犬主人普遍拥有良好的养宠经济条件。

②养猫人群画像

与养犬人群类似，养猫人群主要为女性（82%），76.8%年龄在30岁以下，年轻人比例高于养犬人群（65.4%）；六成以上为本科及以上学历。

42%的猫主人月收入在5001～10000元，他们主要从事服务业、制造业、医疗卫生业、宠物行业、IT行业等5大行业，也拥有较好的养宠经济条件。

养犬人群

男 20%　　女 80%

犬主人学历分布

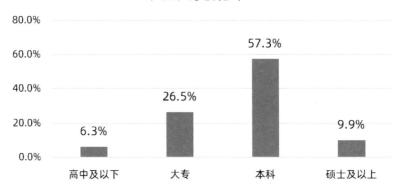

犬主人年龄分布

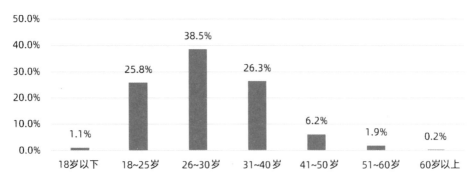

犬主人月收入分布

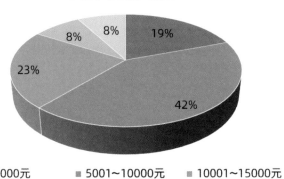

■ 0~5000元　　■ 5001~10000元　　■ 10001~15000元
■ 15001~20000元　　■ 20001元及以上

犬主人职业分布

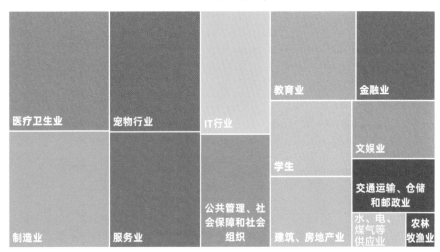

养猫人群

18%　82%

猫主人学历分布

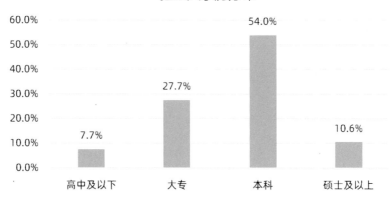

猫主人年龄分布

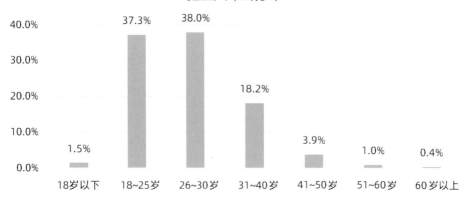

猫主人月收入分布

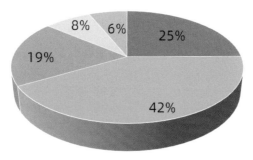

- 0~5000元
- 5001~10000元
- 10001~15000元
- 15001~20000元
- 20001元及以上

猫主人职业分布

4. 养宠人群最关注的健康问题

养犬健康关注

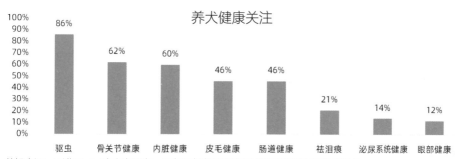

数据来源：天猫Digital生态实验室，亚宠研究院2023中国宠物主养宠生活方式调查
数据说明：天猫品类交易人群增长；时间维度：2021.7~2022.6 VS 2022.7~2023.6

数据显示，宠物犬更容易出现的五大健康问题有：皮肤问题（29%）、消化系统问题（22%）、免疫系统问题（10%）、呼吸系统问题（9%）及泌尿系统问题（5%）。在"养犬人群最关注的十大健康问题"中，骨关节健康、内脏健康、皮毛健康、肠道健康、泌尿系统健康、眼部健康都与宠物的营养状况直接相关，因此，在养犬人群中，有61%的犬主人愿意提高预算购买具有特定保健功能的食品，如有利于消化系统健康、皮肤健康、体重控制、肝脏健康、绝育术后营养补充等的食品。

犬主人功能粮采购偏好			
消化	**皮肤**	**体重控制**	**其他**
肠胃 +263%	皮肤 +147%	糖尿病 +167%	肝脏 +200%
胰腺炎 +126%	过敏 +117%	低脂 +163%	绝育 +105%

数据来源：亚宠研究院
数据说明：功能粮采购偏好为淘宝天猫相关品类交易人群增长；时间维度：2021.7～2022.6 VS 2022.7～2023.6

宠物猫最常见的健康问题有皮肤问题（25%）、消化系统问题（22%）、免疫系统问题（21%）、泌尿系统问题（13%）、眼部问题（7%）。从整体保健需求来看，驱虫是猫主人较为关注的问题（82%），其次是化毛（51%）、肠道健康问题（44%）。

幼猫主人更关注宠物猫消化系统健康、内脏健康与免疫力提升，成猫主人更关注宠物猫消化系统健康与皮肤健康，老年猫主人更关注宠物猫心、肝、肾等内脏的健康。

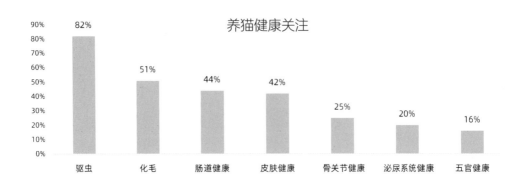

与犬主人类似，猫主人从对"高蛋白""无谷"等标签的关注，逐渐转向对具体营养指标的关注，再转向对特定功能的关注。半数以上猫主人愿意提高消费预算，购买符合爱宠不同阶段健康需求的功能性食品，如有利于消化系统健康、泌尿系统健康、皮肤健康、体形控制、绝育术后营养补充等的食品。

猫主人功能粮采购偏好			
消化	**泌尿**	**皮肤**	**其他**
肠胃 +376%	泌尿 +163%	皮肤 +340%	低脂 +300%
—	肾脏 +167%	过敏 +150%	绝育 +140%

5．影响宠物主人购买宠物食品的因素

从犬主人消费偏好来看，宠物主粮仍占据主导地位，营养品、保健品（含药品）作为核心健康品类，近一年消费需求（15%）超过笼窝、服饰等宠物用品（13%），单宠年消费金额集中在3001～6000元（35%），单宠年消费金额超过6000元的占35%。

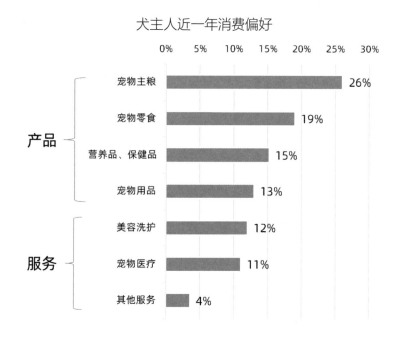

犬主人近一年消费偏好

单宠（犬）年消费金额

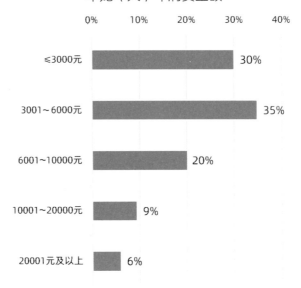

对于猫主人来说，食品及部分用品如猫砂、清洁用品等属于日常消耗品，消费相对较高，同时猫主人愈发注重宠物健康，营养品、保健品受到市场关注。猫主人单宠年消费金额略低于犬主人，单宠年消费金额在6000元以上的猫主人占29%。

猫主人近一年消费偏好

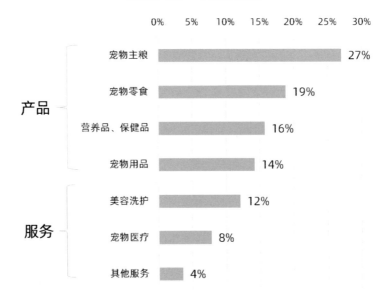

单宠（猫）年消费金额

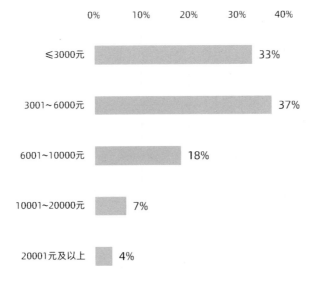

随着新工艺和食材不断涌现，宠物食品从供应链端实现升级。高端食材满足了宠物食品适口性、功能性的升级需求。无论是养猫人群还是养犬人群，原料构成和营养成分都是其购买宠物食品时的主要影响因素，"精细化喂养"趋势显著。

猫食品购买影响因素

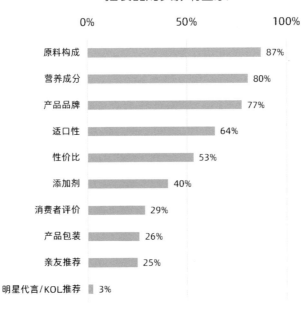

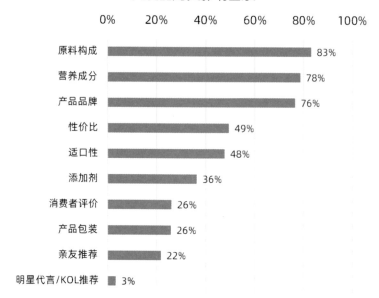

犬食品购买影响因素

因素	百分比
原料构成	83%
营养成分	78%
产品品牌	76%
性价比	49%
适口性	48%
添加剂	36%
消费者评价	26%
产品包装	26%
亲友推荐	22%
明星代言/KOL推荐	3%